U0655993

海洋与人类
科普丛书

总主编　吴立新

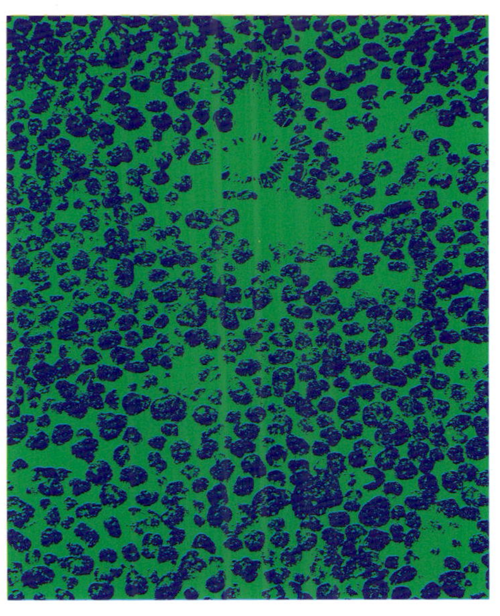

多金属结核探秘

贾永刚 ◎ 主编

中国海洋大学出版社
· 青岛 ·

“海洋与人类”科普丛书

总主编　吴立新

多金属结核探秘

主　编　贾永刚

副主编　范智涵

总前言

海洋，是生命的摇篮、风雨的故乡、资源的宝库、文化交流的通路、经贸往来的航道、国家安全的屏障。“海洋对于人类社会生存和发展具有重要意义。”

海洋如同一位无私的母亲，始终慷慨地支撑着人类文明的进步。人类很早就“通舟楫之便，兴鱼盐之利”。随着时间的推移，海洋在人类社会的发展中发挥着越来越重要的作用。人类也从未停止过对海洋的探索与开发。历史告诉我们，“向海而荣，背海而衰”。

我国是海洋大国，正在向海洋强国进发。2012 年党的十八大报告明确提出了“建设海洋强国”。2017 年党的十九大报告指出:“坚持陆海统筹，加快建设海洋强国”。2022 年党的二十大报告指出:“发展海洋经济，保护海洋生态环境，加快建设海洋强国。”习近平总书记强调:“建设海洋强国是实现中华民族伟大复兴的重大战略任务。”

提升全民尤其是青少年的海洋意识，培养海洋科技人才，是建设海洋强国的迫切需求和重要保障。科普，正是提升全民海洋意识快速而有效的途径。习近平总书记指出，科技创新、科学普及是实现创新发展的两翼，要把科学普及放在与科技创新同等重要的位置。科普教育可以引导人们亲海、爱海，增进人们对海洋的了解，激发人们认识海洋、探索海洋的热情，实现人海和谐共生的美好愿景。“海洋与人类”便是这样一套服务于海洋强国建设的科普丛书，它为我们打开了一扇通向海洋世界的大门。

海洋孕育了生命。从第一个单细胞生物的诞生到创造美好生活的人类，从遨游于海洋到漫步于陆地，在几十亿年的光阴中，海洋母亲看着她的子孙成长和繁衍。《海洋生物溯古》带我们穿越久远的时光，了解海洋精灵们的前世今生。在这里，我们迎接地球上第一批生命的诞生，赞叹寒武纪生命大爆发的绚烂，见证鱼儿“挑战自我”勇敢登陆的高光时刻……我们感受到海洋生物演化的波澜壮阔，也不禁要思考海洋与生命的未来。

海洋微生物是海洋里最不起眼的“居民”。它们的个头小到无法用肉眼直接看见。然而，它们具有非凡的能力，在维持地球生态系统平衡中发挥着关键作用，对人类的生活产生着重大而深远的影响。在《海洋微生物寻访》的陪伴下，我们一同走进海洋微生物的世界，观察它们身上独特的“闪光点”，了解这些奇特的小生命在海洋食品安全、海洋材料开发等方面给人类带来的困扰或帮助，为它们在海洋环境保护中发挥的积极作用点赞。

海洋母亲，为人类积蓄了千万“家产”，多金属结核便是其中之一。多金属结核具有重要的科学与经济价值，对深海多金属结核的开发将推动深海战略产业的发展。在《多金属结核探秘》中，我们将认识多金属结核的独特之处，知晓在海底“沉睡”许久的它是怎样被人类“唤醒”，并在人类社会中大放异彩的。多金属结核的开采会对海洋环境造成影响，面对这种情况，我们又该做些什么？答案就在这本书中。

癌症、心脑血管疾病、神经退行性疾病以及传染病等严重威胁着人类的健康。人类迫切需要创新药物研发路径。由于海洋环境复杂，生活于其中的形形色色的海洋生物，拥有着诸多结构新颖、作用显著的生物活性物质。这些生物活性物质，正是新药研发的源头活水。《海洋药物觅踪》打造了一个璀璨的舞台，为“蓝色药库”贡献力量的海洋生物“明星”华丽登场，其中既有我们熟知的珊瑚、海星，也有海鞘等“生面孔”。它们都可为我们的健康守护贡献力量。

没有海洋，便没有我们人类。人类对海洋的探索，改变着海洋，也推动着人类文明的不断进步。“建设海洋强国，必须进一步关心海洋、认识海洋、经略海洋”。“海洋孕育了生命、联通了世界、促进了发展。我们人类居住的这个蓝色星球，不是被海洋分割成了各个孤岛，而是被海洋连结成了命运共同体，各国人民安危与共。”总书记的讲话，回响在耳畔。亲爱的读者朋友，让我们阅读“海洋与人类”科普丛书，体悟海洋与人类千丝万缕的联系，感受人类探索海洋取得的丰硕成果，畅想海洋与人类更加美好的明天！

2024 年 3 月

写在前面

浩瀚无垠的海洋蕴藏着无尽的财富，正等待人类去发掘与利用。随着陆地资源的日渐枯竭，人类对深海的探索步伐日益加快，多金属结核作为一颗在深海中颇具潜力的新星，正逐步展现其在人类生产与生活中的非凡价值。

多金属结核，呈黑色或黑褐色，其貌不扬，形状各异。它虽然没有黄金、白银的闪耀，亦无钻石、水晶的璀璨，却是名副其实的“海底宝藏”。它储量巨大，内含锰、铁、镍、铜、钴等金属元素，这些元素不仅在日常生活中扮演着重要角色，更是制造高科技产品和新能源材料的不可或缺之材。我们日常使用的笔记本电脑、智能手机及充电宝等，其背后的钴酸锂电池便离不开钴元素；而在配眼镜时，我们或许会遇到形状记忆合金材质的眼镜架，其中镍钛形状记忆合金正是研究的热点之一。此外，锰是钢铁工业的重要原料，铁则是炼钢的主要材料，镍用于制造不锈钢，而钴和铜则广泛用于合金制造。多金属结核因其广泛的应用领域而备受全球瞩目。

亲爱的读者，你们对这颗深海资源的新星——多金属结核了解多少呢？是否知晓它曲折的发现历程？是否清楚它的外观、结构以及如何在严酷的深海环境中形成？它在哪些领域发挥着重要作用，又为人类的生产和生活带来了哪些变革？既然它如此神奇且潜力巨大，那么，我们将这些静静躺在深海的宝藏“请”出水面，又需要哪些先进的技术和设备呢？

现在，就让我们一同翻开这本书，深入探索这一深海宝藏的奥秘吧！

在本书撰写期间，潘玉英、李博闻、刘媛媛、刘禹维、朱宪明、朱娜、陈翔等在外文资料的翻译、文本的整理、图件的绘制等方面提供了帮助。同时感谢长沙矿冶研究院李茂林教授、自然资源部第一海洋研究所石学法研究员、自然资源部第二海洋研究所初凤友研究员、中国海油研究总院李清平教授级高级工程师对本书编写的大力支持。

Contents 目录

一起来了解
多金属结核

海沟

多金属结核觅踪

从太空回望，我们赖以生存的家园——地球，总体呈现出一种摄人心魄的蓝色，这归因于占地球表面积约 71% 的海洋。千百年来，流传在不同国家、不同文化中的，有关“海底宝藏”的传说，在人类探索海洋奥秘的历史长河中熠熠生辉。今天，要带大家了解的，正是人类探索发现的“海底瑰宝”——多金属结核。

瑞典“索菲亚”号、英国“挑战者”号的惊奇发现

多金属结核发现的“序曲”，要追溯到 1868 年。当时，在遥远的北冰洋喀拉海，狂风暴雪正在肆虐，来自瑞典的探险船“索菲亚”号正缓缓航

行在碎冰的间隙中。饥肠辘辘的船员在船长的带领下，在满怀收获的期待中，一起用力把沉重的网拖上甲板，想必这次是网到了海豹，甚至某种体形较小的鲸类。

然而令船员诧异的是，拖上船的网中，除了海鱼、磷虾外，还有一些其貌不扬的东西。这些东西呈黑色或黑褐色，形状各异，为椭球状、扁平状、菜花状等，上面甚至还有着花瓣状、树枝状的密纹。据说，一位饿得眼花的老船员，竟把其看成烧焦了的土豆。要知道在遥远而寒冷的极地，蔬菜可是比肉类更为珍贵的食物。幸而被年轻的船员拦住，老船员才没有

多金属结核区的沉积物样品

去咬这些奇怪、丑陋的东西。

遗憾的是，尽管发现了它们的怪异之处，但船员扒掉“土豆”上面覆盖的些许贝壳当作纪念后，就统统当作普通石头丢回海里了。因为缺乏相应的科学知识，他们当时的确不知道，这些“土豆”，就是蕴含锰、铁、镍、钴、铜等金属元素的“海底瑰宝”——多金属结核。

尽管“索菲亚”号偶然“捕捞”到了这些深海石头，但多金属结核的开采及使用价值的发现，仍经历了一段较为曲折的过程，凝聚了一代又一代科学家探索研究的热忱与执着。

多金属结核特写

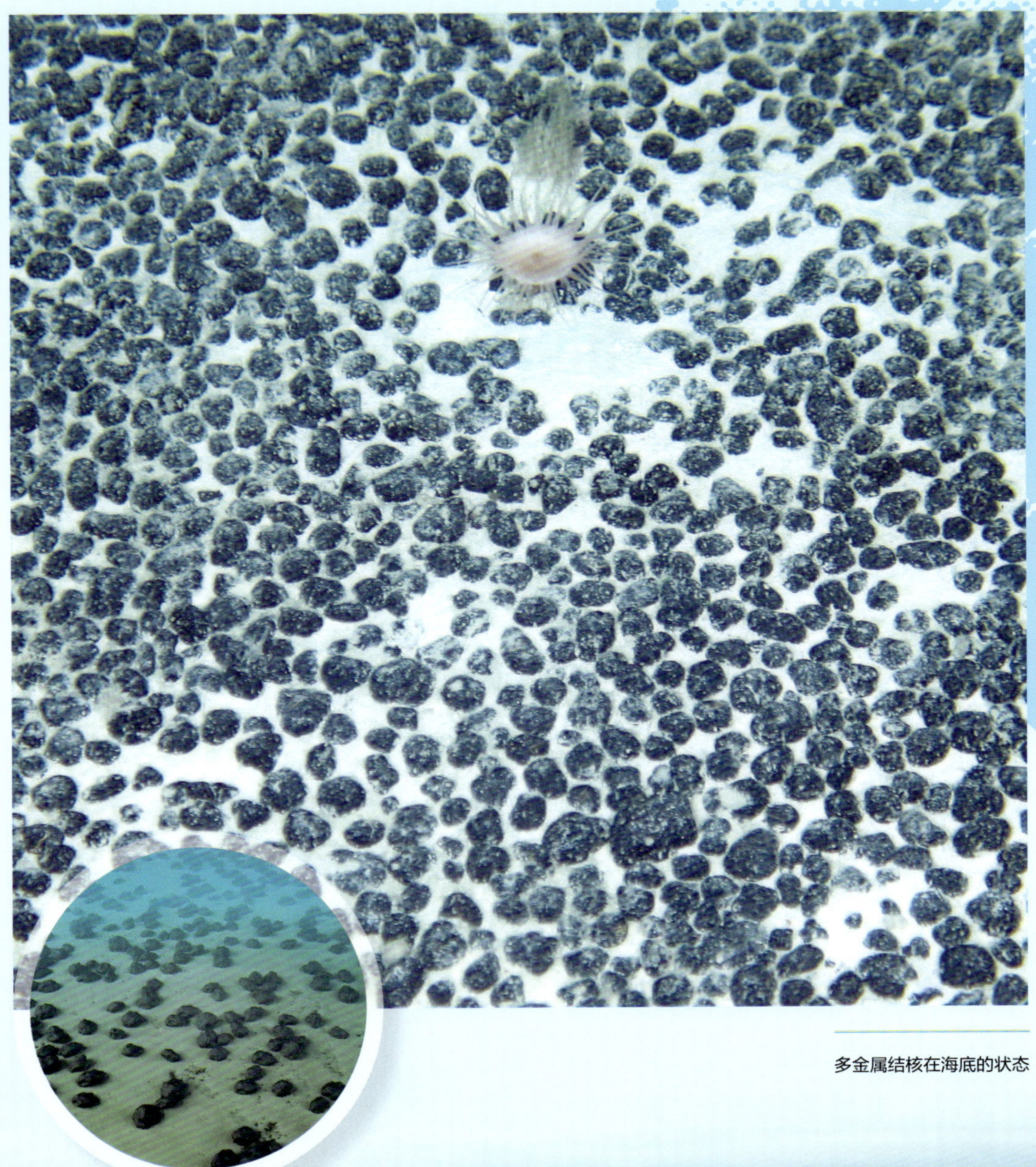

多金属结核在海底的状态

时间到了 1872 年，国力正值强盛的大英帝国，正雄心勃勃地踏上探索、发现乃至征服全球陆地与海洋的征程。当时，在苏格兰爱丁堡大学的查尔斯・威维尔・汤姆森的提请下，英国皇家学会采用多种手段，从英国皇家海军那里获得了英国舰队“挑战者”号的使用权，以探索广阔的海洋。他们将“挑战者”号进行了一定程度的改造，以方便科学研究工作的开展，甚至不惜花费重金，为它装备了独立的博物学和化学实验室，招募了 243 名船员及 6 位当时学界颇有名望的科学家，并携带了当时世界领先的海洋勘探设备，这在英国学界可谓风头极盛。

随后，被寄予厚望的“挑战者”号便在大西洋、太平洋和印度洋进行了 3 年多的环球海洋科学考察。这是人类历史上首次综合性的海洋科学考察。1873 年，当“挑战者”号行驶在大西洋加那利群岛的法劳岛西南约 300 千米处时，在水深 4 300 多米的海底，竟也意外采集到了之前“索菲亚”号发现的黑色石头。汤姆森与其他科学家认为这些“黑不溜秋”的石头是一种珍贵的矿产资源，便兴冲冲地将其带回实验室进行了初步的成分分析，确认其所包含的金属元素有锰、铁等，当时起名为“锰铁结核”，即现在所说的多金属结核。在工业时代，锰的用途非常广泛，几乎涉及人类生产、生活的方方面面。如今，全球每年生产的锰，约 90% 用于钢铁工业，10% 用于有色冶金、化工、电子、农业等产业，其重要作用不言而喻。

“挑战者”号发现在大西洋、太平洋和印度洋都分布着这种多金属结

“挑战者”号上的实验室

油画《冰海上的“挑战者”号》

核。可以说，这并不是一种数量少且无法开采的稀有资源，而是具有惊人的蕴藏量的珍贵矿产，是海洋对人类科学与工业文明发展的慷慨馈赠。

“挑战者”号的科考成果极大地丰富了人们对海洋的认识，不仅为海洋物理学、海洋化学、海洋生物学和海洋地质学的建立与发展奠定了基础，而且翻开了人类对多金属结核探索的篇章。

发光的“海底瑰宝”与“皆为利来”的世界各国

自英国“挑战者”号发现了多金属结核，海洋中蕴藏神秘矿产的消息不胫而走。此后，多金属结核的调查研究逐渐展开，并延续到今天。

美国

野心勃勃欲与英、法、德等国争夺世界霸权的美国，在做好知识与物资储备后果断出击，派出了“信天翁”号科学调查船分别于1899—1900年和1904—1905年，在太平洋和印度洋的海底勘探多金属结核这种矿产资源，并建立了多金属结核观测站。

美国科学家曾在夏威夷附近的海底发现过一块重57千克的多金属结核。更令人惊奇的是，一日，美国海洋学会的一条船的水下电缆发生了故障，在修理电缆的过程中，他们发现了一块多金属结核有136千克重。可惜的是，因其质量大，且当天天气恶劣，船体出现小故障，船长认为携带其可能会使船员的生命安全受到威胁，在粗略记录坐标后，就把它放进了海里。后来根据坐标打捞时，却不见其踪影，错失一个极其珍贵的多金属结核标本。

随后数年，美国科学家对太平洋的多金属结核开展了全面、系统的调查，并初步绘制了太平洋东南部的多金属结核分布图。但这一时期的调查研究整体上处于起步阶段，加之海上调查技术限制和测试手段落后，当时的人们也较难全面准确地揭示多金属结核的成分和潜在的资源价值。

直到20世纪60年代，随着科学技术与经济社会的变革，人们对于多金属结核的认识再次出现转机。美国人约翰·梅罗根据当时110个观测站的多金属结核样品的分析结果，指出了其存在的巨大经济价值与开发潜力。一石激起千层浪，研究开采多金属结核的热潮再次涌起。

多金属结核样品展示

出于各自经济利益的考虑，20 世纪 60 年代，一些发达国家的政府、企业、科研机构等纷纷加入多金属结核开发与研究的行列。二战后科学技术飞速发展的美国，当机立断在 1960 年前后重启大规模、系统性的多金属结核调查研究。当时积极参与的机构有美国地质调查局、国家海洋和大气管理局、矿山安全与健康管理局、拉蒙特－多尔蒂地质观测所、斯克里普斯海洋研究所以及 25 所知名大学，队伍庞大。其研究成果也非常显著，极大促进了多金属结核开采的进程。与此同时，从 1962 年起，美国各大型矿产企业也发现有利可图，不甘落后，在夏威夷群岛与美国本土之间的海域进行封闭性调查。虽然这些公司的调查成果在当时作为商业机密并未完全公开，但的确为后期大规模的开采积累了一定的经验。

苏联

与此同时，作为美苏争霸中的另一极，苏联也较早地召集了众多科学家进行多金属结核资源的调查，其调查海域遍及大西洋、太平洋与印度洋三大洋。1957—1961 年，为了防止美国在探索多金属结核方面“一家独大”，甚至形成垄断，进而损害本国的经济利益与战略发展，苏联派出了“勇士”号调查船调查太平洋北部和中部的多金属结核情况，并将珍贵的调查结果公布于众。1977 年，苏联科学院、海洋研究所等单位又派出“门捷列夫”号调查船在北太平洋做了大量的调查研究。“门捷列夫”号在北太平洋甚至北冰洋部分海域勘探了多金属结核的具体分布情况，使苏联获得了多金属结核资源分布的准确信息。

“门捷列夫”号调查船

其他国家

法国、日本、韩国、印度等国家也为早期多金属结核的调查研究作出了突出贡献。

得益于“马歇尔计划”（欧洲复兴计划）的助力，二战后休养生息、逐渐恢复元气的部分欧洲国家，如法国，也在海洋矿产资源开发方面投入了大量资金和科研力量，在深潜技术和水下光学方面的研究取得突破。法国在多金属结核调查勘探中广泛地使用了这些高新技术，获得了包括海底地形、多金属结核分布等高质量成果。1970 年，法国国家海洋开发中心派出“查科特”号调查船，在南太平洋的法属波利尼西亚海区进行了 13 个航次的多金属结核调查，发现该区域多金属结核分布较少，于是在 1974 年又转向北太平洋海域调查，取得了一定的成果。

作为一个对海洋高度依赖的岛国，日本虽然对多金属结核的调查研究与商业开发较西方国家稍晚，但后来居上。1967—1978 年，日本地质调查所派出了“东海大学丸二世”、“白岭”号调查船先后在马里亚纳海沟、冲绳海槽以及西北太平洋、中太平洋、马绍尔群岛海域调查，并分别于 1974—1978 年、1979—1983 年制订了“深海矿物资源基础研究”“深海矿

马里亚纳海沟局部

海沟附近生物

物资源地质学研究”两个五年计划。得益于这两个发展计划，日本在这一领域虽起步较晚，但在实现多金属结核的商业开发方面却居世界前列。

我国多金属结核的调查

我国的海洋矿产资源勘查工作起步较晚，对多金属结核的研究于 20 世纪 70 年代开始。我国依托“向阳红 05”号海洋科学考察船于 1978 年首次在太平洋底获得多金属结核。1983—1990 年，科研人员乘坐“向阳红 16”号海洋科学考察船在中太平洋和太平洋海盆进行了 5 个航次的多金属结核调查。1986—1989 年，科研人员乘坐“海洋四号”海洋科学考察船在中太平洋和太平洋克拉里昂 - 克利珀顿断裂带（Clarion-Clipperton Fracture Zone，简称 C-C 区）进行了 4 个航次的调查。2000 年后，我国依托“大洋一号”“海洋四号”“海洋六号”等海洋科学考察船在 C-C 区的我国主要多金属结核勘探区以及西太平洋多金属结核调查区开展了多次

调查，完成了多项工作。

近年来，我国对多金属结核的探查工作不断深入，取得了众多成果，在海洋矿产资源研究的路途上迈出了坚实的脚步。

对于多金属结核这种矿产资源，从人类环球探险偶然发现为序曲，到以科学探索和基础研究为目的科学考察，进而发现这种资源的潜在经济价值，从而导致以国家权益和商业利益为出发点开展大规模的勘探开发。对多金属结核的调查范围从大西洋、印度洋、太平洋三大洋，到最后主要聚集在一片被学界称为 C-C 区的海域。在各国的努力下，多金属结核变成了闪闪发光的“金子”。

不可貌相的多金属结核

多金属结核虽然没有黄金、白银耀眼，没有钻石、水晶夺目，但其储量巨大，富含多种金属元素，不仅不可貌相，而且有巨大的发展潜力。

多金属结核的构造与矿物学特征

多金属结核的大小不一，有直径小于1毫米的微结核，也有直径为数十厘米的大结核。多金属结核形状各异，主要有球状、椭球状、板状、菜花状、扁球状、杨梅状和橄榄状；集合体的形状则有哑铃状、葡萄状、连生体状等。

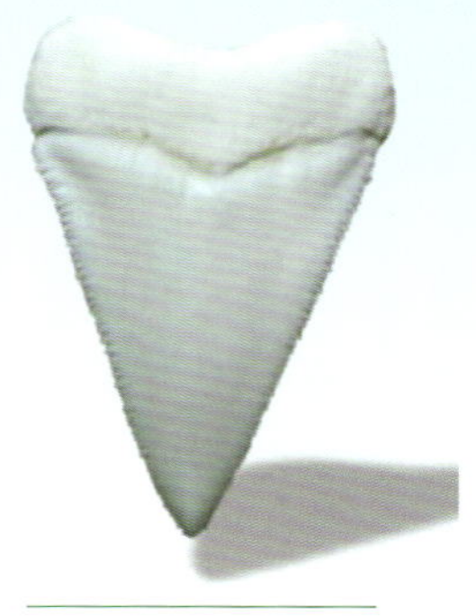

多金属结核中的鲨鱼牙齿

多金属结核中较为普遍的一种构造为同心环带构造，是由一个内部核心（如坚硬的老结核碎块、火山岩或岩屑、泥质团块和鲨鱼牙齿）

橄榄状多金属结核

多金属结核样品

和一个向外生长、包裹核心的铁锰质壳层组成，壳层是结核的主要组成部分和有实用价值的部分。除板状和极不规则状结核外，大多数多金属结核为这种构造。尤其在形状较规则的椭球状结核中，可见非常清晰地围绕核心分布的同心环壳层，壳层之间又有若干个微层，其剖面就像一道道同心环带。每个壳层中的微层之间沉积作用基本是连续的，未发生长时期的沉积间断。这表明多金属结核形成过程的地化环境基本稳定，有利于形状比较规则的壳层的生成。

还有一类构造也普遍存在于多金属结核内，被称为波状层纹构造。具有此类构造的多金属结核，外形一般为扁球状、杨梅状等，其壳层不是同心环状，而是一圈圈起伏弯曲的波纹，整体连续性比较好，波纹比较清晰时，其外形会偏向扁球状；连续性较差，出现断点且波纹不清晰时，其形状会近似杨梅状。

多金属结核的横切面和表面

此外，还有一种间断构造，具备此种构造的多金属结核一般有这样的现象：表面未见任何明显裂隙，其内部壳层之间填充有泥质及生物碎屑。这表明当时的深海环境已不利于多金属结核的生长，但可能没有剧烈的构造运动产生和底层流的强烈影响；此后，由于环境的改变，含有铁、锰元素的凝胶又吸附沉着其上，新的壳层生长。

多金属结核还有一种比较特殊的多核心构造，即并非只有一个核心，而是具有多个大小不等的核心。多核心的多金属结核，一般有若干层以各自核心物为中心生长，到外围几层则发展成以共同中心生长的同心环带构造。从某种意义上说，核心物形状是影响结核外形的一个重要因素。从核心物组成这一侧面也可能反映当时物源和构造运动的情况。例如，火山岩核心多的区域，表明该处曾有火山活动发生；以老结核碎块做核心，表明可能构造运动促使了原始结核的碎解。

多金属结核中的锰铁矿物主要以氧化物和氢氧化物的形式存在，锰矿物的类型主要有钙锰矿、水钠锰矿、混层锰矿，铁矿物的类型主要有针铁矿、赤铁矿、磁铁矿。除上述主要金属矿物外，多金属结核还有火山的、生物的以及自生的副矿物，如石英、长石、辉石、角闪石、金红石、重晶石、蒙脱石、伊利石。

多金属结核的地球化学特征

多金属结核中的元素以锰、铁、铜、钴、镍等金属元素为主，其中锰和铁元素含量最高。因此，多金属结核常被称为铁锰结核，可以视作一种主要由铁的氢氧化物和锰的氧化物组成的结核状矿物集合体。

多金属结核中蕴藏的元素，锰与我们的生产、生活息息相关，是制造锰钢的重要材料；铁是炼钢的主要材料；镍可以用来制造不锈钢；钴和铜广泛用于合金制造。

多金属结核的分布

在深海，小小的多金属结核在顽强地生长着，岁月的痕迹化成其上密密匝匝的美丽花纹。一个多世纪以来，众多科学家被它吸引，为它着迷，寻觅着多金属结核的踪迹。

在我们这颗美丽的蓝色星球上，多金属结核分布于世界的多个海域，主要存在于水深 4 000 ~ 6 000 米的深海盆地中。据估计，全球大约有 5 400 万平方千米的海底有多金属结核。

多金属结核在沟弧盆系广泛发育的太平洋覆盖面积最大。沟弧盆系的特点之一，就是海沟可以在一定程度上阻挡陆地河流携带的沉积物，保持海底沉积物来源的单一和稳定，由此就能更密集地“长出”多金属结核。

小链接

沟弧盆系

沟弧盆系是板块构造中，海沟－岛弧－弧后盆地所构成的一种体系的简称，是大洋板块向大陆板块俯冲形成的。

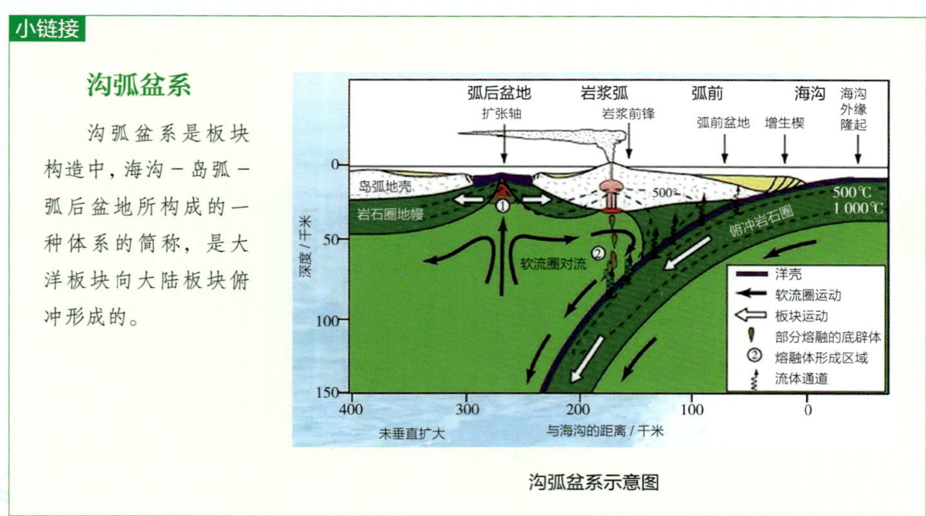

沟弧盆系示意图

印度洋、大西洋则因缺乏海沟的阻挡，来自陆地上的各种碎屑沉积物对海洋环境的影响远高于太平洋，因而多金属结核的分布密集情况较太平洋稍差。除上述板块构造性质等原因外，深海多金属结核的分布受区域位置、地形、水深、沉积速率、生物活动和火山活动等多种因素的综合影响。其中，海底地形对多金属结核的类型和分布有重要的影响。调查表明，光滑型结核大多位于海山、海山链、海山脚及海山陡坡上；粗糙型结核大多位于海山或海山链周围地形比较开阔平缓的低洼地带。

据统计，多金属结核在太平洋、印度洋及大西洋的覆盖面积分别为 2 300 万、1 500 万、850 万平方千米，而且在太平洋的部分海域，多金属结核的分布非常密集。另外，多金属结核在黑海、波罗的海、巴伦支海、卡拉海、加勒比海和菲律宾海盆等海域也有发现。

从地理纬度方面考虑，多金属结核的主要聚集地在赤道带的偏北部以及南半球的 3 个纬度带，即南纬 15° ~ 20°、30° ~ 40° 和 50° ~ 60°。其中，最著名的多金属结核区位于东赤道带偏北的太平洋的 C-C 区。据估算，这片区域多金属结核总量可达 210 亿吨。C-C 区面积与欧洲的陆地面积大致相当，但它只是多金属结核存在的海底区域的一部分。此外，多金属结核在南美的秘鲁盆地和中印度洋盆地分布比较密集；紧靠南太平洋库克群岛的

小链接

海山、海山链

陆地上有各种各样的地貌，海洋里也是如此。海山是海底高耸向上的，但一般没有突出海面的山。在海山的定义中，海山一般高于周边洋壳 1 000 米以上，呈圆锥形。海山链就是三个以上海山呈线性排列的组合。

海山

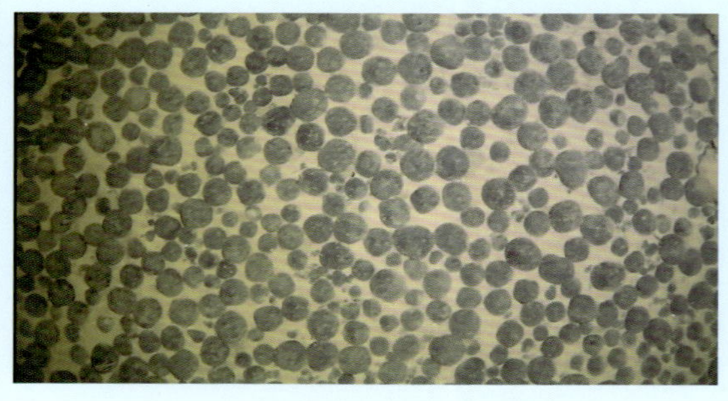
距海底约 1.1 米处拍摄的多金属结核

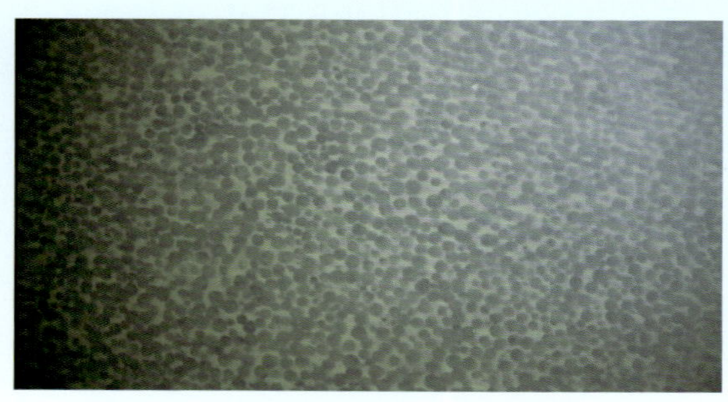
距海底约 3 米处拍摄的多金属结核

距海底约 5 米处拍摄的多金属结核

彭林盆地也是有开采远景的多金属结核区。因此，目前人们研究与开采最多的多金属结核区为 C-C 区、彭林盆地、秘鲁盆地、中印度洋盆地和西太平洋海山及海脊周围的深海平原。

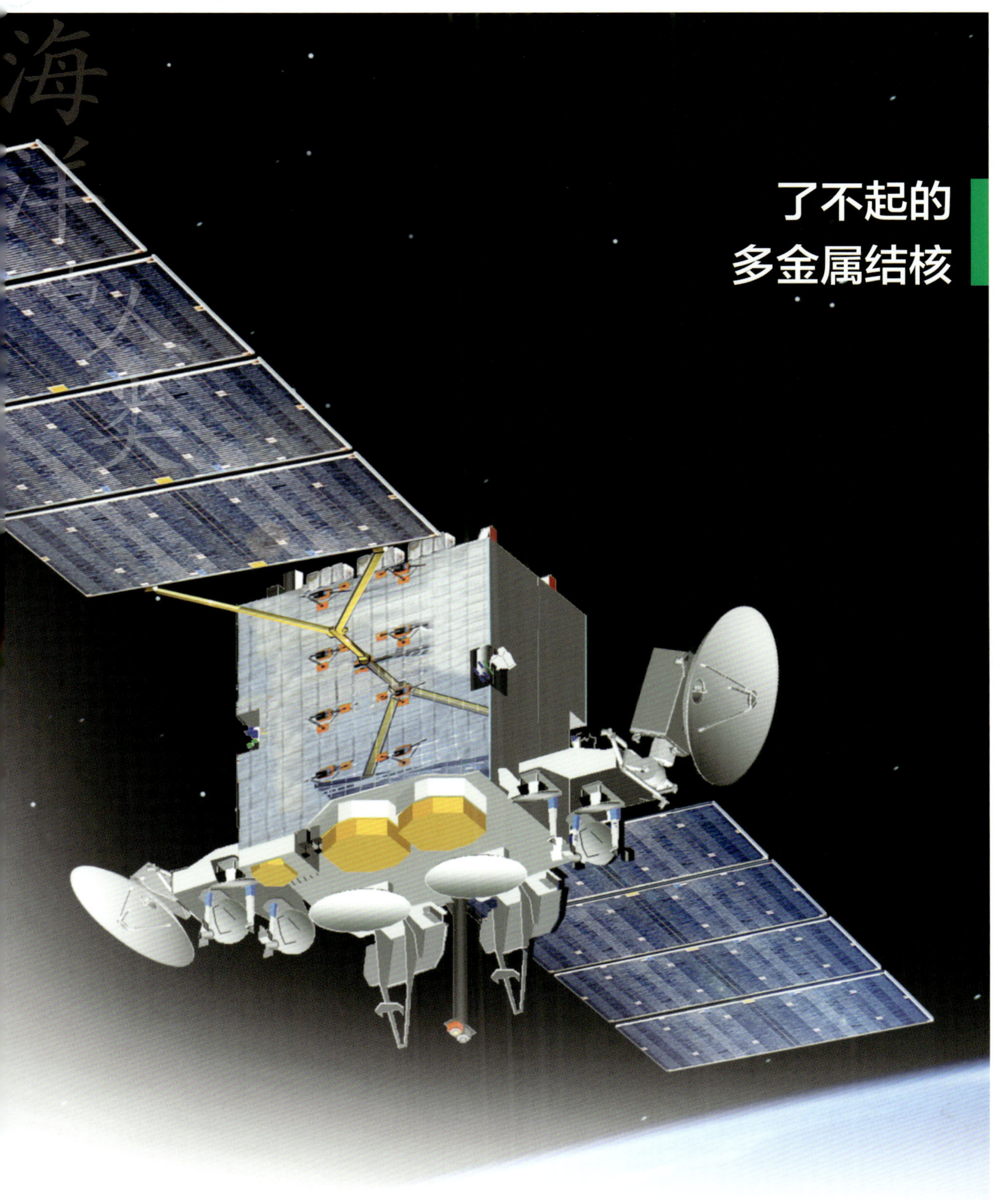

了不起的多金属结核

多金属结核开采的政治、经济意义

多金属结核被称为新能源时代的“新型石油”，是促进可持续发展、谋求国家战略优势和保障国家权益的宝贵资源。对多金属结核的开发具有重要的政治和经济意义。

拥有宝贵资源的海洋成为各国必争之地

自古人类对海洋便是又热爱又敬畏。随着科技的发展，越来越多的深海资源被呈现到人们面前。当陆地资源不足以支撑 21 世纪的经济发展时，世界各国将目光转向了神秘的海洋世界，拥有宝贵资源的海洋成为各国必争之地。

为争夺宝贵的海洋资源，美国、日本、韩国、法国、俄罗斯、加拿大、意大利等海洋强国争先恐后，掀起了争夺海洋开发权的“蓝色圈地”运动。

当前国际竞争的实质是以经济和科技实力为基础的综合国力的较量。深海政治力量的博弈，在掌握先进深海高科技的海洋强国同没有掌握深海高科技的海洋大国（大部分为发展中国家）之间展开，各国都在关注海洋资源的开发。

作为老牌的海洋强国，美国自 20 世纪 60 年代以来对多金属结核进行

小链接

“蓝色圈地”运动

圈地运动本来指的是西欧新兴资产阶级和新贵族地主使用暴力大规模侵占农民土地的活动。“蓝色圈地”运动，顾名思义是指面向海洋的竞争。

了大规模的研究，前期由美国地质调查局、斯克里普斯海洋研究所等单位和大型矿业公司开展相关工作；1978 年，美国哥伦比亚大学拉蒙特－多尔蒂地质观测所编制了海底沉积物和多金属结核分布图。美国占据着海洋活动的主导地位，是目前国际海底区域（简称“区域”）资源拥有量最大，开发技术、研究水平最高的国家。

小链接

国际海底区域

《联合国海洋法公约》把面积大约 3.6 亿平方千米的海域按照法律地位的不同，分成了国家管辖海域、公海和国际海底区域。其中，国际海底区域，简称“区域”，指的是各个国家管辖海域范围以外的海床、洋底及其底土。

1970 年，联合国大会通过的《关于各国管辖范围以外海洋底床与下层土壤之原则宣言》，将国际海底区域的资源作为全人类共同的遗产。1982 年，《联合国海洋法公约》进一步规定，关于国际海底区域内的一切权利属于全人类，区域内资源的勘探开发由国际海底管理局代表全人类行使。这部分区域空间极为广阔，资源极为丰富，目前已经发现的主要资源有多金属结核、富钴结壳、热液硫化物、可燃冰等。

日本出于对 21 世纪战略资源的需求，在深海金属矿产、天然气水合物等开发技术研究方面的投资力度非常大。1974 年，日本地质调查所设立了海洋地质调查部，以加强对多金属结核等深海矿产资源的调查研究。

韩国、印度等国家也不甘落后，在为加快“区域”资源的争夺做准备。韩国于 1998 年成功研制出 6 000 米级水下机器人，2012 年在太平洋海域进行热液硫化物和富钴结壳矿区调查。印度在 2020 年到 2030 年，计划重点在深海采矿技术研发、载人潜水器研发、海洋气候变化咨询服务、深海生物多样性勘探和保护技术开发、深海调查和海洋生物学海洋站建立这五个方面开展工作。

我国顺应国际和时代发展的潮流，党的十八大提出“建设海洋强国”，党的十九大要求“坚持陆海统筹，加快建设海洋强国”，党的二十大强调“发展海洋经济，保护海洋生态环境，加快建设海洋强国”。2000 年，我国确立了“持续开展深海勘查、大力发展深海技术、适时建立深海产业”的深海大洋工作方针；十年后确立了“增加战略资源储备、拓展国家发展空间、提升深海科技实力、深入国际海域事务”的大洋战略目标，按照“立足资源、超越资源”的思路，构建进军三大洋的战略格局。

2016 年，在全国科技大会上，我国首次提出了深海战略的“三部曲”——“深海进入”、“深海探测”和“深海开发”。此外，为了履行“区域”内活动国际法义务，规范我国深海海底资源勘探、开发活动，我国在法律层面上亦有所行动，于 2016 年通过了《中华人民共和国深海海底区域资源勘探开发法》。

我国已将深海列为关系国家未来发展的战略高地，在研发勘探与开采技术装备中注入了诸多心血。以上举措的实施不仅有助于加快提升我国的深海高新技术及关键装备水平，还能维护我国在国际海底区域的权益。

多金属结核的开采是未来蓝色经济的增长点

随着我国新型工业化、城镇化发展对资源需求的进一步增加，未来资源生产和消费面临重要变革。战略性矿产因其独特的性能，成为新材料、新能源、信息技术、航空航天、国防军工等领域必不可少的原材料，但其还存在价格大幅波动造成的原材料供给风险、环境影响风险等问题。将目光由陆地转向海洋乃至深海，加快深海矿产资源的勘探和开发，已成为必然的发展选择。

目前，我国人口总量居世界前列，经济保持着高速发展，产业和消费向中高端转型，陆地矿产资源开发面临成本增加和环境保护的双重压力。特殊的国情和发展的愿景决定了我国金属资源不仅具有资源需求总量较大的特点，而且面临资源需求结构变革的挑战。德国、美国所引导的“工业4.0”新工业革命潮流涌动，人工智能和绿色科技推动新一轮科技革命与产业革命。然而，智能制造、清洁能源和高科技产业离不开关键原材料的稳定供应，随之而来的是镍、铝、铁等主要金属和铟、钴、镓、锂、稀土等稀有金属的市场需求节节攀升。

小链接

工业 4.0

我们都知道工业 1.0 是蒸汽机时代，工业 2.0 是电气化时代，工业 3.0 是信息化时代，工业 4.0 则是利用信息化技术促进产业变革的时代，也就是智能化时代。这一概念最早出现在 2013 年的德国汉诺威工业博览会上。

深海采矿是新兴的高科技产业，它既推动着我国向海洋强国的方向发展，又和全球治理息息相关；它既是发展中国家特别是小岛屿国家未来蓝色经济的增长点，又离不开各国在科技、环保和金融等领域的合作。

小链接

蓝色经济

2012 年，联合国可持续发展大会首次提出“蓝色经济”。蓝色经济概念源于绿色经济概念，与开发和养护海洋环境有关，即“在保护海洋生态系统健康的同时，可持续利用海洋资源促进经济增长、改善生计和就业”。蓝色经济与绿色经济一样，旨在“整体考虑经济资本、社会资本和自然资本，实现各自的最大化和协调统一”。

美国、日本等国已具有 5 000 米商业开采的技术储备，将在 5 年内实现商业化开采。2020 年我国完成了 1 300 米深海采矿试验，各省纷纷出台相应的措施以跟上发展的潮流。例如，湖南省的深海矿产资源开发利用技术国家重点实验室，在深海探矿、采矿专用技术领域处于全球领先水平。

深海矿产资源开发利用技术国家重点实验室

深海技术科学太湖实验室

南方海洋科学与工程广东省实验室（广州）

江苏省瞄准深海技术科学领域，建设深海技术科学太湖实验室，重点关注深海前沿领域。南方海洋科学与工程广东省实验室（广州）专门支撑天然气水合物产业化发展；深圳市将深海矿产列入产业发展规划。

多金属结核等深海矿产资源是重要的战略资源。从技术上看，多金属结核的开采涉及矿区选划和试开采、深海矿产采集技术、输送技术以及开采作业技术等。从装备上看，以目前采矿主要采用的管道提升式为例，多金属结核开采用到的设备主要为采矿船、输送和提升系统、集矿机三大部分。深海矿产资源开采技术与装备的发展，可直接带动取样钻机、采矿、电缆和船舶等高端海洋工程装备产业的发展，此外还可辐射带动海洋环保、电子信息、新材料、高端制造等战略性新兴产业的创新发展。

随着深海矿产资源开发技术和深海采矿装备的发展，国际海底管理局于 2017 年公布了《“区域”内矿产资源开发规章草案》，提出“确

小链接

国际海底管理局

国际海底管理局（International Seabed Authority，简称 ISA）是联合国的一个分支机构，是管理国际海底区域及其资源的权威组织。其由成员国和欧盟组成，根据《联合国海洋法公约》的授权，为造福人类，组织、规范和控制国际海底区域的所有矿产相关活动。在此过程中，ISA 有责任保护海洋环境免受深海海底相关活动可能产生的有害影响。其包括集会、理事会、秘书处、企业、法律和技术委员会、经济计划委员会等。

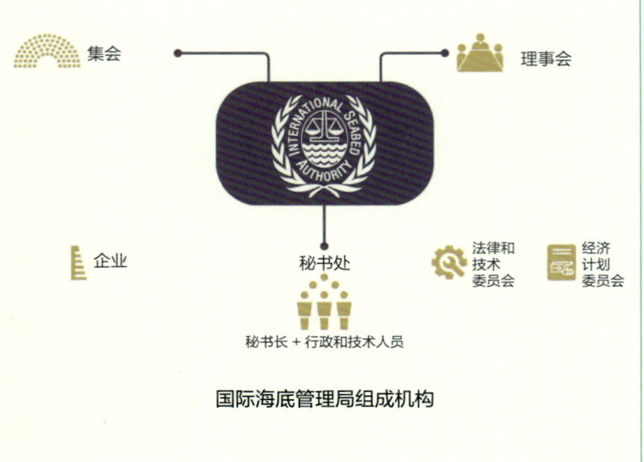

国际海底管理局组成机构

保承包者有法可依地从勘探转向开采”，诸多发达国家、发展中大国和大型跨国矿业公司在深海矿产资源开发领域的行动明显提速。全球开发者都在通过向国际海底管理局申请矿区进行资源开发。目前，我国合同区中仅多金属结核资源就高达 18 亿吨，其中所含的锰、镍和钴可分别满足我国当前使用量约 44 年、20 年和 58 年的需求，成为未来我国战略资源的重要支撑。

日常生活常相伴

随着时代的发展，支撑经济发展的资源消耗量不断增加，能源危机问题日益严峻，陆地资源已无法支撑人类未来长期发展的需要，于是世界各国将视线转向海洋。历经千辛万苦的勘探和开采后，多金属结核的价值被挖掘出来。国际可再生能源机构的报告称，多金属结核“可以大大改变包括镍和钴在内的关键金属的供应前景”，其中富含的战略性资源广泛应用于化学工业等，镍、铜、钴等是制造高科技产品和新能源材料所必需的稀缺资源，在合金、电池、超导材料、激光材料等领域不可或缺。接下来让我们一起了解多金属结核中富含的重要金属元素的应用情况吧。

冶金用途

多金属结核含有锰、铁、镍、钴、铜等金属元素，在冶金开发方面具有广阔的商业前景。

锰

锰是一种关系国民经济的大宗支柱型金属矿产，用途非常广泛，是钢铁工业中不可缺少的原材料。

锰因其具有独特性能而广泛应用于永磁、软磁、磁致冷、磁致伸缩、磁光和磁阻效应材料。它们是现代工业中重要的功能材料。在轻工、化工领域，锰的用途也非常广泛，包括制作干电池、陶瓷、玻璃、肥皂等。在环境保护方面，锰主要用于对污水和废气的处理。另外，锰是动植物生长中不可缺少的微量营养元素之一，在农业上用作微量肥料、杀菌剂、动物饲料添加剂等。

锰

往钢中加入少量锰获得的低锰钢易碎；往钢中加入10% 含量以上的锰，可获得高锰钢。高锰钢既坚硬、耐磨又没有磁性，有良好的加工硬化性能，在工件经受强烈冲击或重力挤压的情况下，其表面迅速硬化，而内部依旧保持原有的硬度和良好的韧性。因而，高锰钢广泛应用于制造抗冲击磨损的工件，如制造坦克、破碎机、汽车、钢轨、桥梁。

高锰钢

坦克

钢轨

钴

其他主要金属

钴具有硬而脆的特性，并且有磁性，当加热到 1 150℃时磁性消失，在常温下不和水作用，在潮湿的空气中也很稳定。因此，钴主要在钴酸锂电池、硬质合金、高温合金、磁性材料等领域使用。钴酸锂电池于 1979 年诞生。2003 年后，钴酸锂可充电电池才开始真正进入我们的生活，我们平时所用的平板电脑、笔记本电脑、智能手机、充电宝、电动自行车、电动汽车等都离不开钴酸锂电池。

2012 年，全球约 60% 的钴用于高温及硬质合金制造。到 2020 年，全球钴酸锂电池（包括消费电子和动力电池领域）的用钴量占比超过 60%，其中消费电子领域的用钴量占比超过 40%。近年来，随着消费电子领域 3C 产品（计算机类、通信类、消费类电子产品）及电动汽车和储能设备

新能源汽车

的迅猛发展，全球钴消费市场逐渐从传统的合金制造领域转移到消费电子、动力电池等领域。

随着全球环保意识的逐步提高以及能源危机的加剧，新能源汽车作为一种环保、高效的交通工具，已成为汽车产业的重要发展方向。2009 年以后我国新能源汽车产业快速发展，未来新能源汽车将成为钴消费增长较快的领域。

镍具有良好的机械强度、延展性和磁性以及较高的化学稳定性。镍不仅可以耐高温，还能够高度磨光和抗腐蚀，广泛应用于航空、军事、特殊合金、电池、催化剂、磁性材料等领域。

我们日常生活中经常使用的不锈钢就是

航天器

镍最主要的应用领域，全球镍消费中有 2/3 用于制备不锈钢。在钢中加入镍可以显著增强钢的抗氧化性、耐腐蚀性和延展性。

镍还可以用来生产化学电源材料，已经用于工业生产的化学电源有镉镍电池、镍氢电池和锌镍电池等。

此外，在配眼镜的时候会看到有一种形状记忆合金材质的眼镜架，那么到底什么是形状记忆合金呢？形状记忆合金是指具有形状记忆效应的合金，这种合金在受热和冷却时会变形，但很快会恢复到最初机械加工时的形状。目前研究比较多的形状记忆合金是镍钛形状记忆合金，多用于制造航天器上的自动张开结构件，宇航工业使用的自激励紧固件，生物医学上使用的人造心脏马达、牙齿矫形丝、眼镜框架以及房屋建筑中的减震结构器件等。

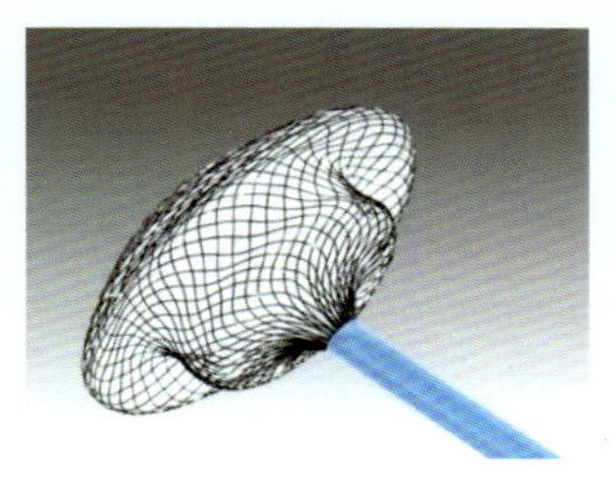

形状记忆合金

近年来，随着形状记忆合金性能的改善和生产成本的降低，开发的种类也逐渐增多，形状记忆合金研究领域取得了重大进展。科学家在镍钛合金中添加其他元素，进一步开发了钛镍铁、钛镍铬等新的镍钛系形状记忆合金。德国的研究人员发明了一种镍钛铜合金，其变形千万次仍不会断裂，而通常的合金材料变形几千次就会断裂，这将大大拓宽记忆合金的应用领域，在电磁耦合器、温度传感器、微电子、光学器件、信息存储介质等领域都可获得应用。

铜具有导电性、导热性、延展性、耐腐蚀性、耐磨性等性质，被广泛应用于电力、电子、能源及石化、机械及冶金、交通、轻工、新兴产业等领域。

随着冶炼、加工技术和装备的进步，上百种导体铜及铜合金新品种被科学家开发出来，并被应用于各产业中。铜铬、铜锡、铜铬锆等合金具有耐高温、强度高等性能，在装备制造、航空航天、电子通信、电气化轨道交通等行业广泛应用。电力行业需要用到大量的铜，如用于电力输送的电缆、变压器、开关、接插元件和连接器等，

铜

用于电机制造的定子、转子、轴头和中空导线等，用于通信的电缆等。机械行业也出现了铜的身影：机械工程除了电机、电路、油压系统、气压系统和控制系统中大量使用铜以外，各种传动件和固定件，如缸套、连接件、紧固件、齿轮、扭拧件，都需要用到铜或铜合金。交通运输行业也离不开铜的帮助：铜和铜合金主要用于汽车的散热器、制动系统管路、液压装置、齿轮、轴承、配电和电力系统、刹车摩擦片、垫圈以及各种接头、配件和饰件等；列车上的电机、整流器以及控制、制动、电气和信号系统等也要依靠铜和铜合金来工作。

除了重工业领域外，铜及铜合金也应用于我们的日常生活中，如制造空调器的热交换器、钟表机芯、造纸机的网布、辊轮、发酵罐内衬、蒸馏锅、建筑装饰构件。

非冶金用途

多金属结核比表面积大，其中蕴含的锰矿物和铁矿物为胶体矿物，拥有疏松多孔的隧道式和层状结构。在它们表面以及隧道与层间的八面体空间附近具有特殊的吸附性，可以吸附离子。这种独特的结构为多金属结核在非冶金领域的应用提供了条件，如应用在催化剂、吸附剂、电源材料领域。

在用作催化剂方面，多金属结核不仅催化效果好，还可节约铂、钼、钴等贵重金属催化剂。多金属结核制备的催化剂可用于石油加工工艺，金属脱除率为 80% ~ 90%, 脱碳率为 35% ~ 42%, 不仅效果好，而且使用寿命比钼、钴、氧化铝等催化剂长。另外，多金属结核可直接作为催化剂使用或仅需简单加工，成本低；而且从使用后的多金属结核中还可提取出有价金属。

在用作吸附剂方面，科学家发现，多金属结核对工业废水中常见的有害物质，如铜、铅、锌、镉及砷有很强的吸附能力，因此可发挥它这一神奇功效，捕集工业废水中的重金属以回收利用。将完成吸附工作的多金属结核放入酸性溶液中，吸附的重金属可浸出回收。多金属结核解吸后可反复使用，或者将吸附重金属后的多金属结核进行冶炼加工。

几十年来，法国、日本等国家进行了用多金属结核处理工业废水中有害物质的试验研究。我国在这方面亦有所发展，长沙矿冶研究院研究了多金属结核对工业废水中多种重金属离子的吸附情况，研究表明多金属结核的吸附率在 90% 以上。

在用作电源材料方面，多金属结核可用作电池的催化剂，而且电池在

多金属结核样品

放电后，镍、钴、铜的酸溶性大大增加。厦门大学化学系在这方面有所建树，他们发现多金属结核是迄今为止发现的天然矿物中比容量最高的锂离子电极材料，应用前景十分广阔。

在加工多金属结核的过程中将产生大量冶炼渣，由于其中仍含有锰、铁、硅、铅、钙等成分，简单丢弃不仅是一大浪费，还会污染环境，因此科学家另辟蹊径，实现多金属结核的综合利用。美国夏威夷大学研究发现，用多金属结核冶

小链接

比容量

比容量有两种：一种是质量比容量，即单位质量的电池或活性物质所能放出的电量；另一种是体积比容量，即单位体积的电池或活性物质所能放出的电量。

电池

炼渣制作建筑材料和陶瓷制品不仅可行，而且能提高制品的性能，如增加强度、改善颜色；此外，还能制作涂料、玻璃等。俄罗斯利用多金属结核冶炼渣生产吸附剂、催化剂、肥料及制砖。我国北京矿冶研究总院也对多金属结核冶金终渣工艺矿物学进行了相关研究，取得了丰硕成果。

多金属结核的开采

多金属结核的生长环境

多金属结核被认为是未来最有希望、最先进行商业化开采的深海矿产资源。但多金属结核的成长过程并不是一帆风顺、一蹴而就的。

多金属结核分布在太平洋、大西洋、印度洋、浅海甚至一些湖泊里，分布水深最大可达 1 万米，最小 10 余米，但大多分布在沉积速率很低的深海沉积环境。世界大洋中约有 15% 的海底为多金属结核所覆盖，由此可见多金属结核广泛分布在深海沉积物的表面。但铁、铜、钴、镍等成矿元素覆盖于深海沉积物上的水层、沉积物之间及岩石颗粒之间空隙中的水溶液里。成矿元素在海水中的浓度很低，而它们在多金属结核中的含量却非常高。这一奇怪现象背后藏有什么秘密呢？科学家集思广益，提出了诸多结核成矿的观点，主要有化学说、生物化学说和生物说。普遍的看法倾向化学成因，也就是通

箱式取样器中的多金属结核

多金属结核在海底的状态

多金属结核样品

小链接

胶体聚凝沉淀

什么是胶体聚凝沉淀呢？想必大家对“点”豆腐都不陌生，为了得到味浓质韧的豆腐，在蛋白质胶体中加入卤水或石膏这类电解质，卤水或石膏中离子带的正电荷中和掉蛋白质胶体中的负电荷，这样蛋白质分子间就没有了相互排斥的力量，原本分散的蛋白质胶体就聚集沉淀下来，“点”豆腐完成！多金属结核的胶体聚凝沉淀也是相同的原理，在沉淀中不同粒子的“配对”形成不同形状的结核。

冻豆腐

过胶体聚凝沉淀这种方式实现多金属结核的多种不同形状的生长。

接下来让我们一起揭开多金属结核生长环境背后的奥秘吧。

“地质环境”显神通

多金属结核的“年龄”超乎我们的想象，根据生长速率及粒径大小来看，绝大多数的多金属结核形成于始新世。

在始新世，全球构造和古海洋变化对地球气候系统的演化起了决定性的作用，这一时期发生过速度令人咋舌的温度下降，此外在亚洲和西太平洋还发生了几幕大造山运动。在这样一个历时数千万年的将平原或海床变成山地的运动中，全球变冷，冷而咸的海水组成了南极底流并向热带海区运动。循环往复、极其广泛的冰川作用拥有神奇的力量。大陆冰盖形成并延伸到了较低的中纬度地区，覆盖了大片陆地的冰流。这也使得太平洋发生了沉积间断现象，而海底沉积作用对多金属结核的生长发育有极其重要的影响。

复杂的全球构造使得大洋水体中的溶解氧含量在古海洋演化的过程中呈现波动，既有全球溶解氧含量偏低时期（缺氧条件），又有全球溶解氧含量偏高时期（富氧条件）。古海洋溶解氧含量的变化与古气候和古洋流有着密切的联系，深刻影响生物的类型和组合、沉积物类型、有机质的保存和沉积作用，同时也影响多金属结核的形成与保存。此外，科学家研究发现海底构造的变化对结核的类型和分布有重要影响。

冰山

“水动力环境”展其能

近底层水动力环境是影响深海多金属结核生长的关键因素。前文提到，目前研究与开采最多的多金属结核区为C–C区、彭林盆地、秘鲁盆地、中印度洋盆地和西太平洋海山及海脊周围的深海平原。

在众多的多金属结核区中，最令人熟知的当数C–C区。这一多金属结核宝藏区的近海底水动力特征是：具有低的平均速度，在速度和方向上具有较高的变化性。

C–C区存在着3种明显的水动力学状况：平静期、中等尺度的惯性潮汐期和活跃期。

平静期：这一时期水流速度最低，一般是0～3厘米/秒，变化性不大，有持续大约11天的低潮汐活动。

小链接

海脊

海脊，又称为海底山脉。而占据大洋海底“C位”的海底山脉被称为“中央海岭”，也称“大洋中脊”或“洋中脊”。陆地上最长的山脉是位于南美洲的安第斯山脉，总长度为8 900多千米。那么世界上最长的山脉是什么呢？就是大洋中脊。

作为最长、最宽的全球性大洋中部山脉系统，大洋中脊贯穿整个世界大洋。三大洋中脊在南半球相连，面积约1.2亿平方千米，占世界海洋总面积的1/3。

大洋中脊的发现，可以追溯到1872年英国“挑战者”号的全球调查。巧合的是，人类最早认识多金属结核也是始于“挑战者”号的环球考察。“挑战者”号不仅在大西洋加那利群岛的法劳岛西南约300千米处、水深4 300多米的海底采集到多金属结核，而且利用测深锤发现大西洋中部有一巨大的隆起——大洋中脊。

大洋中脊的形成主要源于板块运动。板块的张裂使得海底深处的岩浆顺着裂隙上升喷发，形成由一系列火山组成的海岭。它是板块运动和海洋运动的足迹，展现了地球运动的生生不息。

中等尺度的惯性潮汐期：这一时期水流速度的变化中等，一般是 0 ~ 6 厘米 / 秒，与此同时变化速率也相应增加。

活跃期：最初与水流速度的剧增有关，形成的水流流速 24 小时内平均值可达 8 厘米 / 秒，甚至更高，且 1 小时内一般为 13 ~ 15 厘米 / 秒，这个现象被称为“海底风暴”。当海底的洋流和漩涡汇集起来的时候，速度更快的激流便形成了。同时海面上空的大气风暴也不甘示弱，它们持续数天肆虐在某一海域形成的能量传递到海底，与洋流和漩涡融合而成的激流相遇时，海底风暴就应运而生，带来和陆地上的沙尘暴相似的景观，海底的动物、植物、沉积物都会惨遭“不测”。

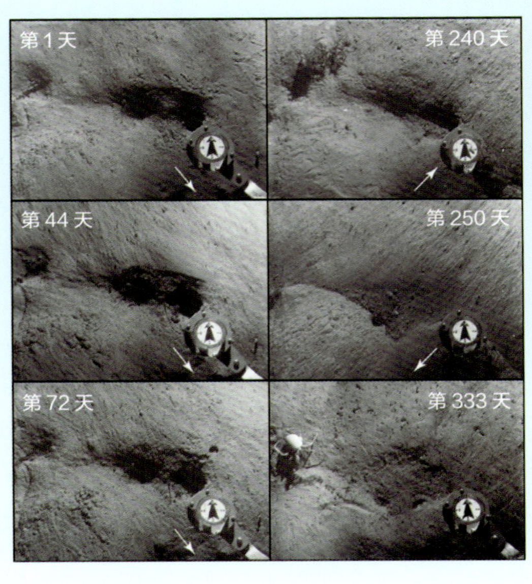

底流重塑海底微地貌

除了海底风暴外，与之相伴随的是海流方向发生显著的变化。据观察，长期（永久）呈稳定 - 半稳定状态作用于海底的海流（底流），在平静期的流向是西北偏北，与南极底层水的水平对流一致；而海底风暴期间，流向经常是东南偏南。

“生态环境”施其力

硅藻

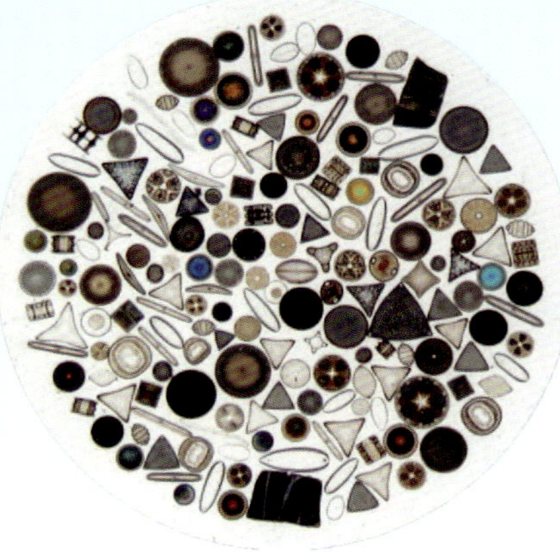

显微镜下的硅藻

在深海多金属结核的形成与生长过程中，除了物理、化学因素以外，生物学因素也起了重要的作用。研究表明，多金属结核存在的地区海洋表层均具有较高的生产力。

多金属结核区虽然处于高压、低温和无光的海底环境，但依然存在着丰富的生物资源，包括爬行动物、钻孔动物、浮游动物以及附着于结核表面的固着生物，目前发现的有鱼类、海蛇类、海参类、虾类、龙介虫类和蠕虫类。这些生物和多金属结核相辅相成、相互促进，共同创造了多彩的海底世界。

科学家发现，在微生物的生化作用下，适宜铁锰氧化物的沉淀环境应运而生，而这正是多金属结核生长的促媒剂。多金属结核上存在着许多生物或生物化石，如细菌、放射虫、硅藻、颗石藻、蠕虫，它们有的寄生在结核上，有的作为生物遗骸沉积黏附在结核上，结核的生长可离不开这些“小助手们”。多金属结核和底栖大型动物可谓是相亲相爱的“好朋友”，低密度的底栖大型动物通过扰动和觅食等活动对沉积物进行再分配，影响了多金属结核的再生长，使其不再被沉积物覆盖；结核也反过来为固着生物提供了有价值的坚强后盾，并为结核缝隙中的动物提供了适宜居住的家。

总的来说，科学家分析了多金属结核的生长环境条件，发现结核形成的条件重要度从高到低排序依次为：低沉降速率、中等高氧值、黏土岩性、夏季低海面生产力、较低底栖生物密度、水深大于 4 500 米、较低总有机碳含量。

多金属结核的开采技术和设备

正所谓“工欲善其事，必先利其器”，科学家对多金属结核的开采技术和设备投入了诸多心血。1868 年，一支海下探测队在北冰洋喀拉海考察时首先发现了多金属结核的身影，不过彼时人们并不知道这些“深海石头”的真实身份。到了 1872 年，英国“挑战者”号考察船踏上深海考察之旅，考察了太平洋和大西洋的多个海底后，正式发现了多金属结核。此后，美国“信天翁”号调查船分别于 1899—1900 年和 1904—1905 年对太平洋与印度洋的多金属结核开展调查，并初步绘制了太平洋东南部的多金属结核分布图。但受限于技术手段，在此后的半个多世纪时间里，多金属结核的调查研究未有明显进展。直到 20 世纪 60 年代，美国科学家梅罗指出其经济价值后，才引起国际关注，对深海矿藏的追求驱使各国投身于开采工作。美国、苏联、德国、法国、日本等国相继开展了大规模的调查，20 世纪 70 年代开始又加强了针对多金属结核资源的航次调查。不过多金属结核常常“为难”一下科学家，由于其自身的特性和复杂多变的生长环境，开采着实需要费一番功夫。

试探性开采：小试牛刀

20 世纪 60 年代，一些国家和组织在 C-C 区及其他海区投身深海多金属结核的试采工作，开采的技术也随时代的发展几经变化。“路漫漫其修远兮，吾将上下而求索”，科学家一直在寻找最适宜的开采方式。

多金属结核的开采技术发展可分为三个时期。第一个时期从 20 世纪 70 年代至 2000 年。在此期间，科学家提出了多种不同的深海采矿方式和系统的思路，并进行了多次海上试验以验证可行性。尽管其中一些想法并没有产生有开发价值的成果，但一些试验已经证明了深海采矿，特别是深海多金属结核开采的可行性，为后续的关键技术攻关指明了方向。

第二个时期从 2000 年至 2020 年。在此期间，更多的国家加入了深海采矿技术的研究并进行了相应的验证试验。各个国家和机构根据矿区所蕴含的资源特点和现有的技术基础，有针对性地开展了深海采矿关键技术的研发。但是，技术研发的深度还不够，尚未完成矿区海上开采试验。

第三个时期从 2020 年开始。对金属矿产资源需求的增加引起了各国对深海矿产资源商业开发的高度重视。矿区管理体制日趋成熟，组织机构基于商业开采的目标，不断完善相关研究的布局。深水作业技术逐渐成熟，技术发展聚焦于能够实现商业化深水资源开采的整体联动系统。与此同时，对于深海采矿对环境影响的担忧也日益增加。

20 世纪 70 年代，海洋管理公司（OMI ）等多个国际机构在太平洋水深约 5 000 米的海底成功采集到多金属结核。随后，苏联、德国、日本、韩国、印度等国家相继开展了海试，检验各自技术装备的性能。过去的几年，欧盟先后启动了“蓝色采矿”“蓝色结核”等多个旨在开发深海矿产资源的项目。国内外相关研究机构通过大量的海上试验，对深海采矿中的核心海底采矿技术与装备进行了技术验证。目前，海底履带自采集作业技术体系已经形成；其关键技术涉及高效采集、稳定行走、智能控制、高精度定位、协同控制、长期运维、低环境扰动等。从未来的商业发展看，采矿技术将朝着高效、环保、智能、安全、可靠的方向发展。

大洋矿产协会（OMA）和海洋管理公司（OMI）通过采矿船的提升管拖曳，实现了集矿机在作业水深 5 200 米的海底移动。他们进行了三次海试，共采集了 800 吨多金属结核，采集能力为 40 吨/时。从下图可以看出，两种采矿系统都是基于拖曳式集矿机进行采集；左边为 OMA 设计的气力提升式采矿系统（气举系统），右边为 OMI 采用的潜油电泵水动力提升法采矿系统（泵举升系统）。本次海试取得的成果奠定了深海采矿系统的组成，其基本框架为海底集矿机、提升系统和表面支撑系统。

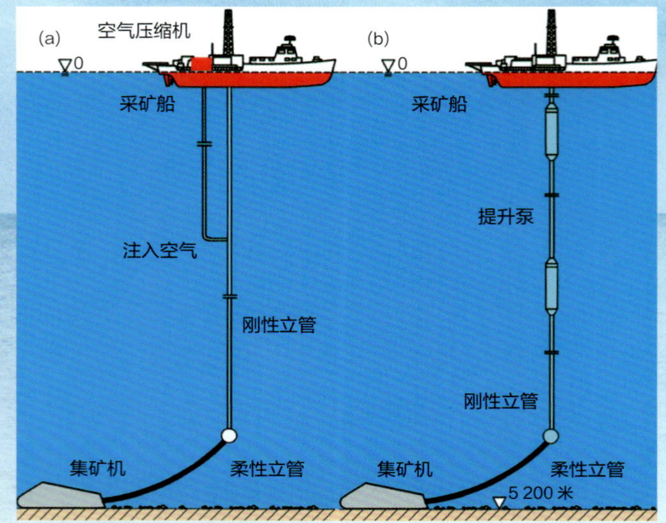

OMA 与 OMI 设计的采矿系统
（a）气举系统
（b）泵举升系统

海洋矿业公司（OMCO）的采矿设备采用阿基米德螺旋推进系统实现自进式行走。底部带有螺旋形沟槽的采矿机器人及支撑其作业的大型容器如右图所示。该设备是依靠一条长达 5 000 米以上的管道拉动集矿机运行的。然而，由于泥沙在行进过程中容易卷在螺旋形沟槽上，导致行走打滑严重、转弯困难、承载力低、对海底扰动大。此外，其承载能力相对较低，对海底的扰动较大。

OMCO 的采矿设备

日本于 20 世纪 80 年代初开展了对拖曳式采矿行走设备的研究，于 1997 年在太平洋水深 2 200 米的海山进行了海试。但对多金属结核采矿设备行走方式的试验并非一帆风顺。20 世纪后期陆续开展的海上试验证明，拖曳式行走方式无法准确地按预定开采轨迹行走，避障及操控难度大，采集效率低，回采损失大。恰逢其时，自行式采矿设备进入科学家的视野。2002 年，日本国

日本研制的采矿设备

家油气和金属公司（JOGMEC）研制了自行式集矿机，完成了 1 600 米水深的海底行走试验，并于 2012 年完成了海底采矿试验。

各国于 20 世纪 80 年代开始研究履带自行式采矿设备。德国是世界上最早开展深海多金属结核研究的发达国家之一，其深海采矿技术研究也处于国际领先水平，下图为德国锡根大学 20 世纪 90 年代初研制的采矿设备。

德国展出的采矿设备

印度国家海洋技术研究所（NIOT）与德国锡根大学合作开发了履带式行走采矿设备，并于 2000 年在印度进行了 410 米水深的试验。6 年后，

印度的采矿设备

这一团队改进了采矿设备并进行了 451 米水深的试验。改进后的集矿机长 3.4 米、宽 3.45 米、高 2.5 米，水下重 7.2 吨，最大行驶速度达 0.75 米 / 秒，采集能力为 12 吨 / 时，是集矿机发展的一大进步。随着技术的进步，这一团队继续打磨集矿机的设计与开发。2011 年初，他们在 6 000 米水深开展商业采矿行走系统研制，并提出相关的概念设计方案。

韩国于 2007 年至 2013 年研制了“MineRo Ⅰ”和“MineRo Ⅱ”采矿车，并在水深 1 370 米处完成了多金属结核收集模拟试验。试验采矿车采用履带式行走机构和液压机械复合收集机构，在空气中重 28 吨，水下重 10 吨，共收集多金属结核 1 535 吨。该试验测试了采矿车在海底的性能。同时对集矿机进行了性能试验，验证了集矿机在海底具有良好的路径控制能力。集矿机长 5 米、宽 4 米、高 3 米，在空气中重 9.5 吨，在水中重 4.5 吨，平均接地比压为 5.7 千帕，采集能力为 8.6 吨 / 时，

韩国的采矿车——MineRo Ⅰ

韩国的采矿车——MineRo Ⅱ

采用水射流 - 机械复合式集矿。

在 2017 年完成 4 571 米水深采矿车行走试验后，比利时全球海洋矿产资源公司（GSR）与德国联邦地球科学与自然资源研究所（BGR）于 2018 年向国际海底管理局申请在多金属结核合同区开展采矿车行走和结核收集试验，并结合试验进行环境影响评估研究。2019 年 4 月，GSR 研制了履带式行走和液压收集结构采矿设备，并进行海试。海试在合同区进行，海试深度为 4 500 米。集矿机尺寸为 12 米 × 4 米 × 4.5 米，在空气中重 25 吨，在水中重 8.5 吨，采集能力为 110 ~ 120 吨 / 时。但是由于光纤电缆的故障，测试中断了。2021 年 4 月，GSR 再次在合同区开始了

比利时 GSR 的采矿设备

集矿机的海试，并于5月在合同区的海床上进行集矿机行走和多金属结核采集试验。行驶距离54.2千米，累计运行时间107小时，验证了履带式行走和液压收集技术的可行性。同时进行了多金属结核开采的环境影响试验。

我国从20世纪80年代开始深海多金属结核开采技术的研究。1995年，长沙矿冶研究院研制了履带式多金属结核采矿设备。2001年，长沙矿冶研究院等科研单位联合研制了135米水深、采集能力35吨/时的多金属结核集矿机原型，并在云南抚仙湖完成了143米水深的湖泊试验，初步验证了其行走收集功能。2018年，长沙矿冶研究院联合中南大学等完成了多金属结核采矿车“鲲龙500”的研制，并在我国南海完成了海试，对履带式行走机构和液压收集机构进行了验证。试验中，最大作业水深为514米，采集能力为10吨/时，单次行驶最远距离为2 881米，水下定位精度为0.72米，完成了沿预定路径自动驾驶的任务，并从海底勾勒出一个单边长度为120米的五角星。

2021年，在中国大洋矿产资源研究开发协会（简称中国大洋协会）

“鲲龙500”采矿车海试

的组织下，长沙矿冶研究院、长沙矿山研究院、中南大学等数十家科研院所和高校联合研制了 3 500 米水深试验采矿车与 1 000 米以上水深试验提升泵及管道系统（可扩展至 3 500 米水深）。同年 7 月，1 300 米水深系统联合试验完成，主要包括履带式采矿车在海底稳定行走、液压采矿等一系列试验。试验期间，采矿车共收集了 1 166 千克多金属结核。这是 20 世纪 70 年代以来我国深海多金属结核全系统采矿试验，也是世界上第一个履带式、自走式集矿机和液压管道提升的采矿联合海上试验。

采矿设备联合试验

2022 年，加拿大金属公司（TMC）开发了多金属结核收集、运输和水面系统。2022 年 11 月，完成 4 400 米深海采矿试验及环境影响监测。集矿机采用履带式驱动机构和液压收矿机构，尺寸为 12 米 × 6 米 × 5 米，自重 90 吨，采集能力 100 吨 / 时，爬坡能力 4°，海试距离 52 千米，行走速度 0.1 ~ 0.75 米 / 秒，地表载矿量 3 021 吨。其开展的海上测试是世界上第一个多金属结核自走式集矿机海上测试，完成了全系统的技术验证和环境影响数据监测。

在大致了解了多金属结核采矿设备的发展脉络后，我们可以发现多金

加拿大 TMC 的采矿设备

属结核的开采背后凝聚了诸多心血。

深海多金属结核虽然储量不容小觑，表层也基本没有沉积物覆盖，看似开采起来十分容易，但因其处于较深的水体环境，仍有许多开采的难点。

一是资源详查困难。海底实况千变万化，对海底沉积物、矿产资源的分布实现实时的把控存在较大的困难。

二是深海开采技术难度大。深海作业不仅需要考虑深度增加的问题，而且随着深度的增加带来的环境差异也是科学家需要研究的问题。

三是矿物运输难度大。海底地貌复杂，矿物运输的影响因素多变。

四是装置的回收、实时的通信问题。多金属结核的开采离不开各种先进的、现代化的设备。

五是采矿区的治理、环境的监测等问题。多金属结核的开采会严重破坏海底的生态环境，例如巨型的开采设备极易夺走海底小动物的生命。

面对这些开采难点，各国科学家集思广益。美国、日本、法国、德国等国家相继提出拖斗式采矿系统、连续绳斗法采矿系统、穿梭艇式采矿

小链接

水射流的工作原理

切割材料、工业清洗等常常使用到水射流，它的工作原理是这样的：动力驱动泵通过吸、排一定量的水将其送到高压管路，使其以一定的能量到达喷嘴，同时喷嘴的孔径比高压管路直径小得多，因此到达喷嘴的这一定量的水为了流出喷嘴孔而加速，这样加速后的水流就形成了射流。

系统、水力管道集中式采矿系统。不过，由于缺乏足够的试验和应用验证，科学家暂时无法确定哪种采集系统更好。但是在1978年海洋管理公司（OMI）的多金属结核采矿海试结果表明，水力式采集方式相对机械式具有更高的采集效率。

水力式采集方式被认为是第一代商业集矿机最主要的形式之一，主要利用水射流冲采或产生负压抽吸结核。虽然原理较为简单，但在后续工作中仍然存在许多需要改进的内容，因为这种方式会采集到大量的沉积物，对海底生态造成了很大的影响。

经过几十年的研究，一些国家提出并试验了多种开采方案，开采的技术也发生了许多变化。尽管目前以哪种开采方式进行多金属结核的商业化开采尚未定论，但多年来的开采技术研究仍以管道提升式的开采方式为主。

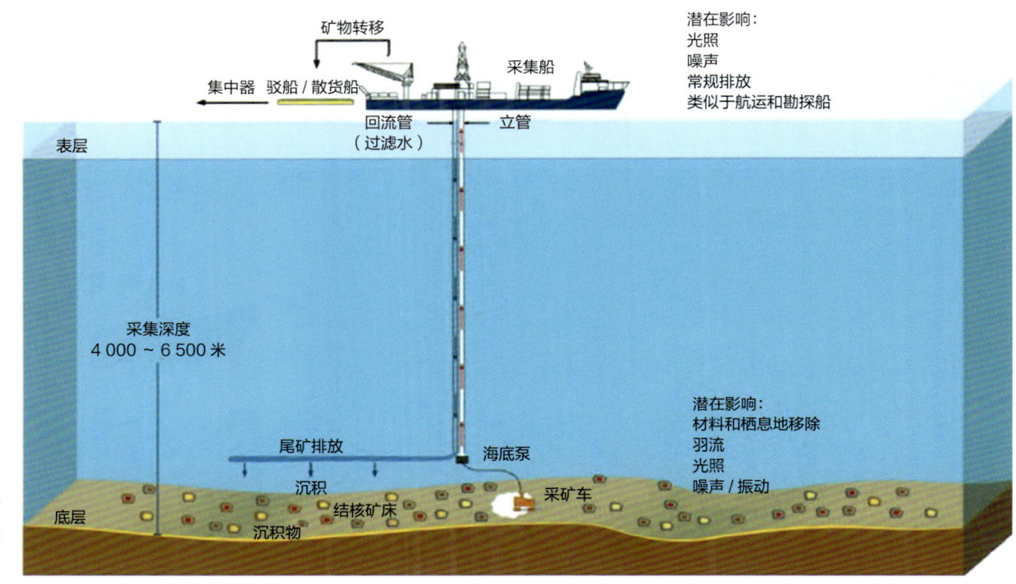

深海多金属结核采矿系统示意图

深海管道提升式采矿系统：举足轻重

接下来，让我们一起了解深海管道提升式采矿系统吧。深海管道提升式采矿系统由许多复杂的元件和子系统组成，主要包括采矿船或浮力平台、自行式集矿机、管道输运系统、中间仓、操作和测控系统以及动力子系统。多金属结核的开采过程十分复杂，首先结核在集矿机水射流的帮助下摆脱沉积物的“束缚”，随后集矿机将结核和其所带的再悬浮物一并提升到采集室，接着管道输送系统负责将水、沉积物、结核三者的混合物从采集室输送到中间仓，最后在经过初步分选后再由垂直管道运输系统将结核运送至采矿船。

为了让多金属结核更高效地从深海来到陆地上，需要付出诸多努力。不仅需要考虑对集矿机本身的控制、机械等软硬件的要求，而且开采区沉积物的力学性质也不能忽略。为了保证开采过程中通信、定位的通畅，对海床附近悬浮颗粒浓度进行实时的监测也是必不可少的。

除了管道输运系统及集矿机外，作为海底矿产开采的核心技术装备之一的采矿船也有了重大的进步，从试采开始时使用的各种改装船到2018年3月29日世界首艘227米专业深海采矿船“鹦鹉螺新纪元”的出坞。新型采矿船的成功出坞是多金属结核开采发展历程的一个里程碑，这也意味着多金属结核距离商业化的开采更近了一步。

1978年进行的多金属结核试采工作较多，主要试采区域集中在C-C区。美国虽没有申请勘探区，但其试采活动最为积极。

但经过一段时间的探索后，世界各国受挫于经济压力和不明确的环境影响，对海底多金属结核开采的热度明显降低，1980年开始迅速衰落，特别是尚未清晰的环境影响问题给多金属结核的商业化开采带来了巨大的压力。

“百尺竿头，更进一步”，21 世纪以来，深海采矿技术方案有了更好的发展条件——深海法律的健全、技术装备的快速发展以及环境评估体系的完善。比利时 GSR 公司针对海底多金属结核提出了完整的深海采矿计划，于 2017 年完成 4 571 米的海试，提交了世界上首个国际海底区域多金属结核开采的环境影响评估报告书。此外，该公司于 2021 年在 C-C 区成功采集到多金属结核，并计划于 2028 年实现商业化开采。

考虑到环境影响问题，国际海底管理局（ISA）明确规定，多金属结核区环境扰动实验和环境影响评估报告是结核开采的前提条件。新西兰原定计划于 2019 年进行多金属结核的开采工作，但基于环境的影响还是放弃了该计划。作为拥有世界上首艘专业深海采矿船的企业——加拿大鹦鹉螺公司，近些年一直致力深海采矿的相关设计、建造和开采工作，在巴布亚新几内亚海底索尔瓦拉进行了近十年的多金属结核开采探索，但考虑到环境影响问题，最终也未实现商业化开采。

勘探开采适用的法律、协议和政策

多金属结核因蕴含锰、铁、镍、钴、铜等金属元素而成为各国追逐的对象。“无规矩不成方圆”，本着人与自然和谐相处的原则，勘探开采适用的环境立法、协议和政策应运而生。接下来让我们一起了解相关法律、协议和政策吧。

ISA勘探规章:《“区域”内多金属结核探矿和勘探规章》

开发多金属结核会带来巨大的经济利益，但由于多金属结核大多位于国家管辖范围之外的公海，不被任何国家所单独占有，各国在开发利用公海资源的时候不免会产生利益的冲突和争端。特别是不同国家在深海采矿领域的科技水平有着不小的差距，如何运用法律手段保障科技水平较落后国家对多金属结核开采的权益，使其为全体人类带来福利，成为国际社会关注的焦点问题。

在这种国际背景下，各国争相提出自己的意见，马耳他认为公海区域的海底资源应当被看作人类的共同遗产，并且设立专门的监管机构作为海底资源的监管人。1967 年，第 22 届联合国大会第一委员会的决议中，承认了公海海底区域资源属于人类共同遗产，并决定设立研究各国现有管辖范围以外公海之海底专供和平用途特设委员会。1968 年，第 23 届联合国大会第一委员会在考量了数份来自特设委员会关于设立常设委员会的报告后，经讨论，决定成立各国现有管辖范围以外的海底和平使用委员会，简称海底委员会，该委员会由 42 个成员国组成。

1969 年，在海底委员会召开的 3 次会议中，就有关人类共同遗产原则所涉及的法律层面问题进行了讨论。同年第 24 届联合国大会通过了一项“禁止决议”。该决议表示，由于对于深海海底资源开发的国际制度尚未建立，所有国家和个人均不得对各国管辖范围之外的海洋海底与下层土壤资源实施任何开发行为，并且对该范围内任何部分或资源的请求都不予承认。该决议遭到了美国等多个发达国家的反对。美国认为深海海底资源的勘探与开发是在国际法下允许从事的活动。

1970 年，第 25 届联合国大会通过了《关于各国管辖范围以外海洋底床与下层土壤之原则宣言》。该宣言的内容为以后国际社会建立深海活动法律体系奠定了基础，并在以后发布的《联合国海洋法公约》中得到了体现。

在这一时期，可以明显看到各国由于意识形态不同，对宣言原则的解释和适用方面存在着较大的分歧。海底多金属结核资源一旦得到开发，会给发达国家带来重要金属，如铜、镍、钴和锰。对于以美国为首的资源进口国，海底矿产资源的开发会使国家对进口金属的需求和依赖性大大降低，同时将带来巨大的经济利益。但对于以澳大利亚和加拿大为首的资源出口国而言，深海采矿事业一旦得到良好发展，则会造成对本国矿产资源出口的冲击，因此他们对此持消极态度。发展中国家则期待海底资源的利用可以使财富在各国之间平均分配，从而减少发达国家和发展中国家之间的差距。在作业主体方面，发达国家认为本国的公有和私有企业都应可以进行深海采矿活动，而发展中国家则认为应由国际海底管理局通过企业部进行深海采矿活动。在国际制度方面，发达国家提议国际海底制度的行政管理机构应是一个只负责发放许可证的服务机构，而发展中国家则希望国际海底管理局实行集体管制模式。

1974—1982 年，海洋法大会第一委员会一共举行了 56 次正式会议和诸多非正式的讨论，对海洋法公约的多个事项进行了商讨。与此同时，拥有先进技术的发达国家则坚持奉行公海自由这一古老的国际法原则，并进行了单方面的立法。发达国家之间签订了互惠协议，并在各自的国内立法中通过对互惠国的认定以及对互惠国相互权利和义务的规定，达到相互承认和相互支持的目的。1980—1985 年，6 个国家通过了有关海底资源开发的国内法，有美国的《深海海底硬矿物资源法》(1980 年)、法国的《海底资源勘探和开发法》(1980 年)、联邦德国的《联邦德国深海开采临时管理法》(1980 年)、英国的《深海开采法(临时条款)》(1981 年)等。比利时、法国、联邦德国、意大利、日本、荷兰、英国、美国通过了有关深海开发的谅解协议。

1982 年 12 月，历时 9 年的第三次联合国海洋法会议终于在牙买加的蒙特哥湾落幕。作为人类历史上最漫长的国际多边谈判，会议通过了拥有 17 个部分、320 条款项以及 9 个附件的庞大海洋法体系，即《联合国海洋法公约》(以下简称《公约》)，该公约凝聚着人类智慧的结晶。

《公约》建立了国际海底区域制度，并为此设置了管理国际海底区域及其资源的权威组织——国际海底管理局。由于发达国家与发展中国家在意识形态、政治背景、国家结构、经济发展程度等方面均有差异，导致发达国家与发展中国家对《公约》中诸多条款意见不一致。1982 年的《公约》中的大多数为发展中国家，唯一的发达国家为冰岛。美国、英国、联邦德国等发达国家均未签字。如果发达国家及一些大国不批准加入，《公约》的普遍性则得不到保证。为了缓解发达国家与发展中国家之间的利益冲突与矛盾，在发达国家与发展中国家之间寻求平衡和意见的统一，联合国就《公约》中有关深海采矿的规定所涉及的未解决问题进行了一系列讨论，最终结果以《关于执行 1982 年 12 月 10 日〈联合国海洋法公约〉第十一部分的协定》(以下简称《执行协定》)的文本形式得以展现。具体来说，《执行协定》对《公约》的第十一部分的缔约国费用承担问题、有关企业部的规定、管理局的决策机制、生产政策、技术转让、补偿机制、合同的财政条款这 7 个方面做出了修正。通过对《公约》的调整，满足了发达国家的要求，扩大了《公约》的参与度。修改之后，德国等发达国家提交了《公约》的批准书。此外，为了使国际海底区域制度有效地运行下去，《公约》也设立了按需拟订规则、规章和程序草案的筹备委员会。但在实际操作中由于各种原因，筹备委员会在设立期间 (1983—1994 年) 未完成拟订多金属结核的勘探规章工作，因此，国际海底管理局临危受命，于 2000 年在第六届会议上通过了首部规范国际海底区域内活动的规章——《“区域”内多金属结核探矿和勘探规章》，合理科学地规定了深海多金属结核的探矿和勘探活动。

国际海底管理局（ISA）管理国际公共海域的矿产开采权，任何国家或组织都可以在 ISA 处申请，从而拥有某块区域的勘探开采权。该区域在 ISA 成立初期一般称为“开辟区”，但目前一般称为“勘探区”或“合同区”。

到目前为止，已经有俄罗斯（苏联）、韩国、中国、日本、法国、印度、德国、瑙鲁、汤加、基里巴斯、比利时、英国、新加坡、库克群岛、牙买加等先后与国际海底管理局签订了海底多金属结核勘探合同，其中除印度的勘探合同区在中印度洋海盆外，其余国家和机构的勘探合同区均位于东太平洋的 C-C 区。

《"区域"内多金属结核探矿和勘探规章》主要包括九个部分，分别为导言、探矿、请求核准合同形式的勘探工作计划的申请、勘探合同、保护和保全海洋环境、机密性、一般程序、解决争端、多金属结核以外的其他资源。该规章为各个国家和地区正确合理实施勘探与开发"区域"内的资源活动提供了规范及准则，确保了各个国家和地区社会经济发展的权益。

"导言"部分主要限定了规章中的用语及范围，规定与《公约》中的文字条款通用；"探矿"部分规定了探矿应严格按照《公约》和勘探规章中的内容进行，必须经秘书长告知探矿者方可进行探矿活动；"请求核准合同形式的勘探工作计划的申请"规范了可向国际海底管理局申请核准勘探工作计划的各方；"勘探合同"规定了承包者应按相应时间放弃所获分配区域的相应部分；"保护和保全海洋环境"在保护和保全海洋环境中制

定了四个方面的内容，分别是保护和保全海洋环境规定、紧急条令、沿海国的权利和考古或历史文物。如果探矿者或承包者在“区域”内发现多金属结核以外的其他资源，这些资源的探矿勘探和开发应按照国际海底管理局根据《公约》与协定就资源制定的规则规章及程序进行。

ISA开发规章:《“区域”内矿物资源开发规章草案》

“不登高山，不知天之高也；不临深溪，不知地之厚也。”十几年来，国际海底管理局不断对《公约》中概括性的规定进行实践，丰富并细化了探矿和勘探活动的规章条例，同时明确了国际海底管理局、承包者以及担保国各自的义务，更加关注保护海洋环境，规章制定工作可谓卓有成效。

随着深海多金属结核研究的深入，国际海底活动从勘探转向开发的趋势日益明显，无论是承包者、担保国还是国际海底管理局，都已开始积极研究和采取措施应对这一转变。担保国和承包者都在努力投身多金属结核等海底资源的开发工作，争取抢占先机。为了对开发活动进行管理和指引，深海资源开发规章的制定成为国际海底管理局工作的重点。

2019 年，国际海底管理局制定了《“区域”内矿物资源开发规章草案》，主要包括十三个部分：引言，请求核准采取合同形式的工作计划申书，承包者的权利和义务，保护和保全海洋环境，工作计划的审查和修改，关闭计划，开发合同的财政条款，年费、行政费和其他有关规费，资料的收集和处理，一般程序、标准和准则，检查、遵守和强制执行，争端的解决，本规章的审查。

在勘探规章中赋予权利的同时，开发规章中更多地增加了对环境保护方面的义务限定，比如，承包者应不迟于在采矿区开始生产之日，向国际海底管理局缴存环境履约保证金；还要合理顾及海洋环境中的其他活动，按开发合同进行开发，应该尽职尽责，确保不损坏合同区内的海底电缆或管线。承包者应在合理可行的范围内尽量减少事故风险，并考虑到相关准则；同时，应根据新的知识和技术发展以及良好行业做法、最佳可得技术和最佳环保法，不断审查减少风险措施的合理可行性；另外，在评估进一步减少风险所需的时间、成本和努力是否与其效益严重不成比例时，应考虑到与正在进行的作业相称的最佳做法风险水平。

我国的责任与机遇:《中华人民共和国深海海底区域资源勘探开发法》

“区域”内蕴藏着丰富的资源，这些资源将成为时代发展提出的新问题的解决办法。作为战略性资源，它们的开发不仅是简单的经济问题，而且牵涉错综复杂的国际关系，具有特殊的政治意义。我国已经在多金属结核的“区域”资源领域获得了勘探合同，是“区域”活动的深度参与者。

作为《公约》的缔约国，我国严格遵守《公约》和国际海底管理局的规定，并以《“区域”内多金属结核探矿和勘探规章》为参考和借鉴，于2016年2月26日由全国人民代表大会常务委员会发布《中华人民共和国深海海底区域资源勘探开发法》。该法则包含七个章节的内容，分别是总则，勘探、开发，环境保护，科学技术研究与资源调查，监督检查，法律责任，附则。

深海立法，是责任也是机遇。《中华人民共和国深海海底区域资源勘探开发法》的制定一方面是为了履行“区域”内活动国际法义务；另一方面也是为了规范深海海底区域资源勘探、开发活动，推进深海科学技术研究、资源调查，海洋环境保护，促进深海海底区域资源可持续利用，维护人类共同利益。

《中华人民共和国深海海底区域资源勘探开发法》是规范我国“区域”

内活动的基本国内法，后续应通过配套制度进行具体落实。它不仅符合《公约》的要求，还对相关立法的发展有促进作用。下面让我们一起从环境保护和科学技术研究与资源调查这两方面对这部法律的主要内容进行解读吧。

针对环境保护，《中华人民共和国深海海底区域资源勘探开发法》科学性地制定了如下细则。

承包者应当在合理、可行的范围内，利用可获得的先进技术，采取必要措施，防止、减少、控制勘探、开发区域内的活动对海洋环境造成的污染和其他危害。

承包者应当按照勘探、开发合同的约定和要求、国务院海洋主管部门的规定，调查研究勘探、开发区域的海洋状况，确定环境基线，评估勘探、开发活动可能对海洋环境的影响；制定和执行环境监测方案，监测勘探、开发活动对勘探、开发区域海洋环境的影响，并保证监测设备正常运行，保存原始监测记录。

承包者从事勘探、开发活动应当采取必要措施，保护和保全稀有或者脆弱的生态系统以及衰竭、受威胁或者有灭绝危险的物种和其他海洋生物的生存环境，保护海洋生物多样性，维护海洋资源的可持续利用。

针对科学技术研究与资源调查，《中华人民共和国深海海底区域资源勘探开发法》结合当前实际制定了如下细则。

国家支持深海科学技术研究和专业人才培养，将深海科学技术列入科学技术发展的优先领域，鼓励与相关产业的合作研究。国家支持企业进行深海科学技术研究与技术装备研发。

国家支持深海公共平台的建设和运行，建立深海公共平台共享合作机制，为深海科学技术研究、资源调查活动提供专业服务，促进深海科学技术交流、合作及成果共享。

国家鼓励单位和个人通过开放科学考察船舶、实验室、陈列室和其他场地、设施，举办讲座或者提供咨询等多种方式，开展深海科学普及活动。

从事深海海底区域资源调查活动的公民、法人或者其他组织，应当按照有关规定将资料副本、实物样本或者目录汇交国务院海洋主管部门和其他相关部门。负责接受汇交的部门应当对汇交的资料和实物样本进行登记、保管，并按照有关规定向社会提供利用。承包者从事深海海底区域资源勘探、开发活动取得的有关资料、实物样本等的汇交，适用前款规定。

我国勘探开采新进展

面对经济快速发展过程中的矿产资源需求以及建设海洋强国的战略需求，我国正投身多金属结核的勘探和开采工作。深海矿产资源开发是一项庞大而复杂的工程，涵盖勘查、采矿、选冶和运输等产业链流程，融合了海底作业、水下输送、动力输配、中央控制和水面支持的全方位平台与系统装备体系。世界各国在这些方面跃跃欲试，我国也不甘示弱，自 20 世纪 80 年代末启动了深海矿产资源开发技术装备研究后便不断深耕。接下来让我们一起具体了解我国在多金属结核的勘探开采中做出的努力吧。

千淘万漉虽辛苦：理论阶段

20 世纪 80 年代，北京矿冶研究总院和长沙矿冶研究院、长沙矿山研究院等科研单位开展大洋多金属结核开采、选冶方面的信息收集与资料整理工作。翻译了若干部“海洋多金属结核加工译文专集”，整理编写了十几份有关海洋多金属结核开采、选冶经济分析、前景预测等方面的文章和报告，并结合浅海采矿和陆地采矿研究，如浅海采矿船的研究、矿物的管道提升和输送，提出我国深海多金属结核开采技术研究建议，为我国深海多金属结核开采技术研究提供了丰富的参考资料。

在多金属结核开采技术参考资料的加持下，1990 年，我国将大洋多金属结核资源勘探开发列为国家长远发展项目。1991 年，联合国海底筹委会同意中国大洋协会登记为国际海底开发先驱者。2001 年，中国大洋协会与国际海底管理局签订多金属结核勘探合同。自此，我国深海多金属结核开采技术研究在国家专项支持下结合国际海底多金属结核勘探开发进行。

为了确定深海多金属结核开采系统的技术原型，在国家专项支持和中国大洋协会的组织下，长沙矿冶研究院、长沙矿山研究院等科研单位对当时已有的系统方案进行了比较研究，包括水力式、机械式、水力机械复合式 3 种集矿方式，履带和阿基米德螺旋 2 种行走方式，气力和水力 2 种矿物提升方式。建设了集矿机试验水池和管道提升试验系统，研制了相应的模型试验机，对不同工作方式和系统方案开展理论分析与实验室模型试验。在此基础上，提出了我国深海多金属结核开采系统的方案。该系统采用离心泵水力管道提升方式，刚性立管与柔性立管之间设置中间仓，集矿机采用履带自行式行走，水力式集矿。

小链接

阿基米德螺旋

我们都知道水往低处流，可是如何才能让水往高处流呢？公元前 3 世纪，处于尼罗河河口的亚历山大城，河床低，农田高，农民们一直苦于灌溉问题。基于此，阿基米德发明了一个大螺旋并放置在圆筒里，当螺旋转起来后，水流便沿着螺旋沟逆向流往高处。后人称之为阿基米德式螺旋抽水机。

阿基米德螺旋主要应用螺旋机制，借着螺旋曲面绕着旋转轴做旋转运动，早期用于解决灌溉问题，后来更多地运用到了工业领域。

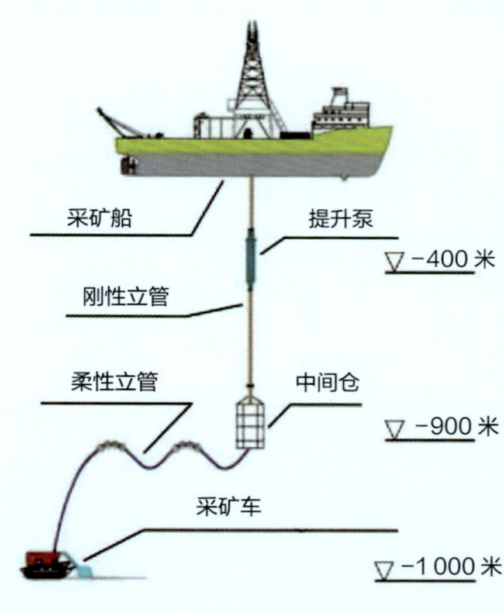

我国深海多金属结核开采系统方案示意图

纸上得来终觉浅：试验阶段

基于提出的采矿系统技术原型，科学家制定了我国深海多金属结核采矿中试系统方案，研制了集矿机试验样机和提升试验泵，并分别开展了集矿机水池行走与模拟结核采集试验、提升泵的台架矿浆输送试验等研究。

2001年，中国大洋协会组织长沙矿冶研究院、长沙矿山研究院等科研单位在云南抚仙湖进行了部分系统湖试。湖试系统由集矿机、软管输送和水面试验船三部分组成，由于水深的原因，湖试中的提升系统没有垂直立管和中间仓。试验内容包括集矿机的行驶性能试验、软管输送系统扬矿试验、集矿和扬矿串式流程联合试验、整体系统的运行和可控性试验。

集矿试验采集的是事先铺撒在湖底的多金属结核。湖试结果表明，试验系统运转正常，模拟从湖底采集结核并输送到水面船的整个流程工作可靠。结合湖试，科学家还进行了采矿作业对环境影响的调查研究。研究结果表明，试验对湖底及试验区域水层影响不大。

针对湖试中暴露出的集矿机样机体积较大、行走履带打滑及水下定位导航受作业影响等问题，长沙矿冶研究院、长沙矿山研究院及中南大学等

我国自主研制的采矿设备湖试试验的现场布放照片

开展了深海多金属结核集矿机性能改进研究，对履带驱动性能、车体轻量化、导航防干扰等进行关键技术攻关，在此基础上研制了新一代的深海多金属结核采矿车“鲲龙 500”。

“鲲龙 500”采矿车依然采用水力式集矿机构，但增加了采集头的地形适应功能以实现最佳的采集效率，同时采用大接地面积、高履齿（利于提高履带的附着力）、大前角、轻量化的履带结构设计以保证采矿车在海底稀软沉积物上的稳健行走，通过惯性导航 +DVL 组合导航和声学定位系统实现采矿车高精度定位及路径控制。

小链接

惯性导航 +DVL 组合导航

水下航行器的导航系统需要具有远程、长航时、高精度的导航能力。惯性导航系统（SINS）和多普勒计程仪（DVL）组合方式的导航系统是国内外水下航行器应用中发展较为成熟的。惯性导航通过测量加速度和角速度来估计水下器械的位置、姿态和信息速度；DVL 则通过测量水下器械相对于水流的速度来提供导航信息，两者组合可以提高定位精度。

深海采矿重载作业装备离不开水下导航定位系统的帮助。为了提高采矿装备的精确性，我国不断发展水下导航定位系统。哈尔滨工程大学、中国科学院声学研究所、中国船舶集团有限公司第七一五研究所等单位在声学定位技术领域进行了广泛研究。2004 年，我国成功研制出第一套基于差分全球定位系统的水下定位导航系统。在“十五”时期，我国成功研制出“长程超短基线定位系统”。在国家“863”计划重点项目的支持下，我国成功研制深海高精度水下综合定位系统。并且如上文所述，正是有了惯性导航 +DVL 组合导航和声学定位系统的帮助，在 2018 年的海试中，“鲲龙 500”采矿车在 500 多米水深处的定位精度达到 0.72 米。

为了确保采矿车的实际运作，2018 年，科学家在我国南海进行了“鲲龙 500”采矿车的采集与行走海试。试验中，采矿车最大作业水深达 514 米，采集能力为 10 吨 / 时，单次行驶最长距离为 2 881 米，水下定位精度达 0.72

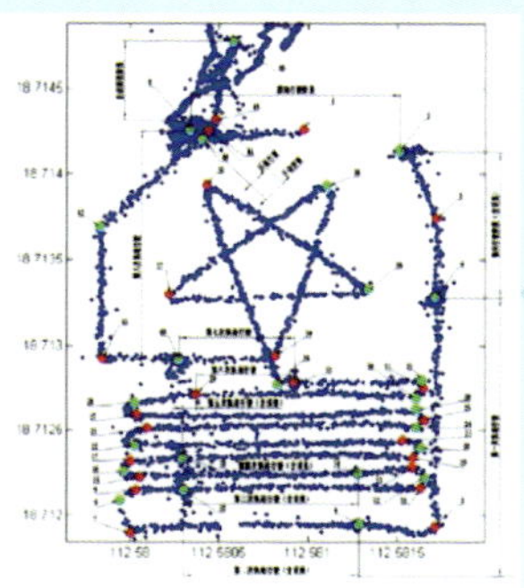

“鲲龙 500”采矿车海试现场图及其在海底的行走路径记录图

米，实现了自主行驶模式下按预定路径进行海底采集作业，在我国南海海底走出了一个单边长度为 120 米的“中国星”。

十几年来，我国在多金属结核勘探开采试验中不断发展，“十五”期间，长沙矿冶研究院以 1 000 米深海多金属结核开采中试系统为背景设计了两级提升泵，进行了清水和矿浆输送试验；“十一五”期间，科学家利用一个 219 米深的废弃矿井开展了垂直管道模拟多金属结核矿浆输送试验，为我国深海多金属结核开采系统提升泵设计和管道输送工艺方案确定等积累了数据与经验。2016 年，在国家高技术项目和大洋专项支持下，长沙矿冶研究院、中南大学等在我国南海进行了 300 米水深提升泵管系统海上试验，输送矿浆体积流量为 500 立方米 / 时、多金属结核采集能力达 50 吨 / 时。

2016 年，国家首批重点研发计划立项“深海多金属结核采矿试验工程”，支持深海多金属结核开采系统的整体联动海试，力争构建具有国际先进水平的深海多金属结核采矿技术体系。2021 年，在中国大洋协会的组织下，中国五矿集团有限公司、中国船舶集团有限公司、中国中车集团有限公司等数十家企业及中国科学院、教育部的科研院所与高校参与了项目研究。项目设计研制了 3 500 米水深试验采矿车和大于 1 000 米水深的试验提升泵及管道系统（可扩展至 3 500 米水深），攻克了履带式采矿车海底稳健行走与精确定位导航、粗颗粒矿物水下高效输送等技术难题。同时，根据 3 500 米水深海试要求将一艘运输船改装为采矿试验船，研发了采矿试验需要的动力输送与控制系统、布放回收及升沉补偿装置，形成了我国深海多金属结核的采矿试验系统。

多金属结核全系统采矿联动试验中的采矿试验车

小链接

升沉补偿装置

浮式钻井船或半潜式钻井平台在海浪作用下将产生升沉运动，为了抵消这种升沉运动对钻井工作的影响而采取的补偿措施，称为升沉补偿。升沉补偿装置是 1994 年全国科学技术名词审定委员会公布的名词。在采矿过程中，升沉补偿装置是水面支持船与提升泵管装备之间的重要连接部件，用于抑制由于水面支持船在波浪中运动导致的提升泵管装备运动。

多金属结核全系统采矿联动试验中的试验泵

现有的深海采矿船升沉补偿系统较多借鉴和采用了深海油气钻探升沉补偿系统方面的技术。振华重工(集团)股份有限公司、宝鸡石油机械有限责任公司、中国船舶集团有限公司第七〇四研究所等对升沉补偿技术进行初步研究并取得了一定成果。2017 年，宝鸡石油机械有限责任公司研制了我国首台天车型钻柱升沉补偿装置样机，性能指标、安全措施等达到了国外同类产品的技术水平，增强了我国深水关键装备的自主配套能力。“十三五”时期，中国船舶集团有限公司第七〇四研究所进一步开展升沉补偿装置的研究，为接下来实施的国家重点研发计划项目海试提供了产品配套。

经过各子系统的单体实验室测试考核、码头联调后，2021 年 6 月至 7 月，整个系统在我国东海和南海进行了全系统采矿联动试验，最大作业水深 1 306 米，打通了集矿机海底行走、结核采集与破碎、提升泵与管道提升、甲板脱水和矿物储藏等全采矿流程，从海底采集并输送到采矿船上的多金属结核 1 166 千克。同时，实施了深海采矿试验全程立体环境影响监测，获得了深海多金属结核采矿环境影响评估的大量数据。这是自 20 世纪 70 年代几个西方国家多金属结核开采海试结束后全球的第一次深海多金属结核全系统采矿试验，也是世界上首次深海多金属结核履带自行式集矿机加水力管道提升的采矿联合海试，对我国的海底矿产资源开采发展至关重要。

2021 年，在中国大洋 67 航次中，中国海洋大学调查队员乘坐自然资源部第一海洋研究所“向阳红 01”海洋科学考察船，在位于西太平洋皮嘉贝塔海盆 5 700 米水深处，开展了我国多金属结核合同区的海底环境勘探工作，并进行了原位监测。调查研究需要使用温盐深仪（CTD）系统，其是通过获取不同深度的海水样品，测定海水温度、盐度、氧含量、浊度、压力等参数的系统。CTD 由一组小型探头组成，通过电缆投放到海底。调查队员通过导线与 CTD 连接，以获得实时数据。CTD 上的采水器通过加载预设的配置文件来决定其采水深度和回收深度。由于深度不同，CTD

“向阳红 01”海洋科学考察船

需要 2 ~ 5 小时收集完整的一套数据。CTD 系统也包含其他附件和仪器，如用于收集不同深度水样以测量化学特性的 Niskin 采水器、用于测量水平速度的声学多普勒流速剖面仪（ADCP）和用于测量水中溶解氧水平的溶解氧传感器。根据不同的科学考察要求进行不同层位的取水，对分析海底多金属结核的形成环境及分布规律有重要的价值。

采水器

若要深入分析多金属结核赋存区的海底沉积物性质，需要用到活塞重力取样器。活塞重力取样器是利用活塞的抽吸作用，抵消沉积物与取样管之间的侧壁摩擦力，以获取比活塞重力取样器更长的柱状样。2022 年，在中国大洋 77 航次中，依靠活塞重力取样器获取了 24 米长的柱子。

活塞重力取样器

箱式取样器

海底环境要素原位观测系统装置

另外还会用到箱式取样器来获取海底表层的沉积物样品。通过取样获取的沉积物样品可以分析多金属结核区的沉积物性质、物理化学性质、生物特征等。不同层位的沉积物性质，可以反映不同年代的沉积物信息。

为了更好地应用于海底环境，服务于我国深海多金属结核开采工程的环境影响监测，中国海洋大学贾永刚教授团队设计了海底环境要素原位观测系统装置，可供探杆布放与回收使用。原位观测系统装置在空气中重 925 千克，在水中重 365 千克。上部为监测设备运载框架，有浮球和运载平台，长、宽、高分别为 1.7 米、1.7 米、1.5 米。下部为镂空的支撑框架，高 1.1 米，4 个支撑腿底部为防沉降止位盘，盘直径均为 50 厘米，这种设计可以更好地观测近底层水动力情况。该系统装置以自然电位测量探杆为核心仪器，搭载水动力观测仪器、水环境观测仪器、海底摄像机等原位观测设备，从而实现对深海多金属结核区沉积物羽流动态变化过程的原位长期观测。

为了获悉海底沉积物土力学性质等，贾永刚教授团队研发了全海深土力学原位测试系统装置。该装置能够实现海底沉积物孔隙水压力、贯入阻力、剪切强度原位测试及沉积物原状样采集，最大工作水深 11 000 米，测试和取样深度可达海底以下 130 厘米。该装置突破了高压力背景下土力学精细量测、多探头组合智能施测、万米无缆布放施测、测试装置总体集成等关键技术，在深海多金属结核矿区、深海稀土矿区开展了实际应用，填补了国际全海深土力学原位测试技术的空白。2022年10月至12月，该装置跟随中国大洋77航次，搭载“向阳红01”海洋科学考察船，在西太平洋多金属结核矿区进行了原位测试，取得了沉积物扰动环境影响的原位监测数据，获悉了海底沉积物的原位土力学性质。

全海深土力学原位测试系统装置

环境问题 敲警钟

对地质环境的影响

多金属结核通常分布在海山、盆地等地质构造上，在地质历史长达数百万年的过程中积累形成。深海多金属结核开采面临着工程地质上的挑战。首先，开采作业需要克服深水环境的高压、低温和高湿度等条件，这对设备和工程设计提出了更高要求。其次，开采活动可能会涉及复杂的地质结构，需要进行全面的地质勘探和风险评估。

“相爱相杀”的采矿活动和深海地质环境

深海多金属结核的开采活动和结核区工程地质环境相互影响。一般情况下，深海中的水动力及生态系统动力较为缓慢，地质环境相对稳定。但采矿活动的进行会打破原本的“岁月静好”，扰动深海地质环境的相对稳定状态。在深海的高压环境以及深海多金属结核工程地质环境条件的限制

环境条件对采矿系统的影响

序号	深海多金属结核区工程地质环境条件	对采矿系统的影响
1	气候（风、降雨、气旋）	影响海上平台仪器设备使用、工作人员正常活动
2	水文（波浪、洋流、温度、压力）	影响矿石处理和浅层海水中立管系统的稳定性
3	地形（起伏、微地貌、坡度角）	影响采矿设备在海底的可操纵性和稳定性
4	结核特征（等级、大小、丰度、形态、分布模式）	影响采矿车的收集以及提升管道运行的效率
5	沉积物性质（物质组成、结构特征、物理力学性质）	影响集矿机的移动性和效率

下，在合适的气候、水文等情况下，采用特定的开采方式、开采设备等，采矿过程才能借地质环境之力顺利完成。

在采矿活动对深海地质环境的影响中，多金属结核移除采集活动、采矿车行走活动以及再悬浮沉积物的运移扩散是最主要的。

被迫“流浪”的海底沉积物

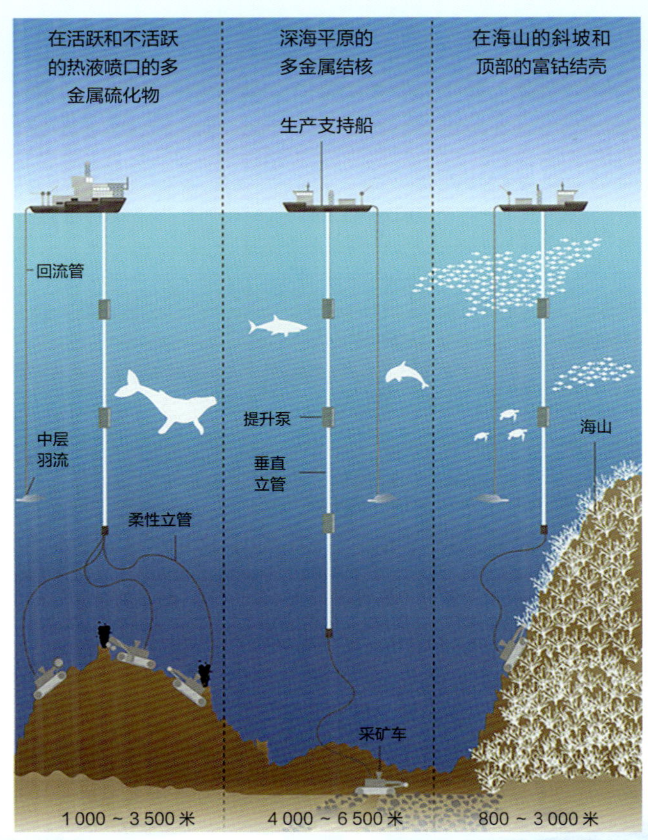

不同地质环境中的采矿系统设计

深海多金属结核开采过程中的重要一步，就是将多金属结核从海底稀软的沉积物表面移除并采集。实现这一过程离不开水流的“鼎力支持”——集矿机利用距离海床表面一定高度的喷管，向海底表面的多金属结核颗粒及周围的沉积物斜向喷射，形成具有一定速度和冲击力的水射流，把结核颗粒向上冲起。多金属结核颗粒被冲起后，不同类型的集矿机会利用海水产生的压力或机械链条把它们向上输送。

在移除、举升多金属结核颗粒的过程中，水射流常常会“顺手”带起结核区沉积物表层范围内的部分半液体物质或其他固体沉积物。由于集矿机的采集头会产生水压流，这些水压流会为多金属结核颗粒“洗澡”，把附着的半液体物质或其他固体沉积物从结核身上冲刷掉。这些本该待在海底的半液体物质或固体沉积物，被迫“陪同”多金属结核颗粒完成被移除和举升的过程；此后，在水压流的冲刷下被“抛弃”，被迫在深海中“流浪”——它们会在集矿机附近漂浮、扩散，最后可能随集矿机的移动发生悬浮状态的变化。这一过程会导致海底环境发生变化，进而影响声学仪器的使用，如声波通信和声呐扫描。

研究发现，这些在移除、举升多金属结核颗粒过程中被“折腾”的沉积物不在少数——每开采 1 000 吨结核，约有 40 000 吨的沉积物受到影响；在进行商业开采时，每天能搅动约 10 000 立方米的沉积物。这样对海底沉积物的巨大扰动过程，会改变海底的形态和地质环境；被改变的海底地质环境又反过来影响沉积物的状态。另外，被扰动后悬浮在海水中的沉积物颗粒会重新“着陆”，再沉积到原来或新的海底区域，这也可能带来其他的影响。

被迫“整形”或“搬迁”的海底沉积物

依据不同的行走方式，采矿车主要有拖曳式和自行式；前者需要外力拖曳进行工作，后者无须拖曳即能自行在海底走动。

早在 1978 年，海洋管理公司（OMI）就研制了拖曳式采矿车，并在 5 200 米深的东太平洋赤道海域成功采集了 800 吨的多金属结核。此后，日本等国家也陆续开展对拖曳式采矿行走设备的研究及海上试验。但由于拖曳式采矿车操控难度大，在海上试验中对行走轨迹总有自己的想法，常无法按照预定的开采轨迹工作；此外，它们对障碍物的规避难度大，采集效率低下，因此不能很好地肩负起海底采矿这一重任。在拖曳过程中，每当采矿车的铲斗舀起海床上的结核和沉积物，都会对海床表层沉积物产生较大的扰动和影响。

于是，自行式采矿车隆重登场。最初试验的自行式采矿车是阿基米德螺旋式行走设备，由海洋矿业公司（OMCO）研制。在 1976 年及 1978 年，阿基米德螺旋式采矿车在太平洋夏威夷以南进行了海上试验，并成功在 4 877 米水深处采集到多金属结核。不过，作为初代的自行式采矿车，它们也有一些缺点：螺旋线凹槽容易“藏匿”沉积物，行走起来严重打滑且转弯困难，承载能力较低；和海底接触的面积小、接地比压大，底部海床的浅表层容易不堪重负。

螺旋桨式自行走采矿车也是自行式采矿车中的一类。它们结构简单，但是能提供的牵引力小、能耗大；在行走的过程中容易把相邻采矿路径内的多金属结核或沉积物吹走甚至再次埋入海底沉积物中，工作效率低且不环保。

20 世纪 80 年代起，各国开始研究履带自行式采矿车，将采矿车进行迭代升级。一方面，履带自行式采矿车能产生更大的牵引力；另一方面，在履带结构的加持下，采矿车更容易越过海底的各种障碍，更能适应海底稀软的底质。相比起其他类型的采矿车，它们能更平稳地按照预设开采路线在海底行走并高效地采集多金属结核。同时，履带自行式采矿车和海底接触的面积大幅提高、接地比压较小，海底不再像面对前面两款螺旋式采矿车那样“压力山大”。总体而言，履带自行式采矿车是众多采矿车中的“优等生”。但是，“优等生”对深海沉积物的影响依然不可忽视。虽然履带结构能让采矿车更适应海底稀软表层的环境，但它们在前进和海底沉积物接触的过程中，经历了相邻履带板和履齿进入、填充、压实、离心、受振、脱落、再进入等运动的循环过程。深海沉积物颗粒天生“矜贵”，它们对环境的敏感度高、含水量高、剪切强度低，在履带结构的碾压下容易发生垂直及水平方向的形变，从而被迫“整形”。

在采矿过程中，采矿车行驶和输送软管与海底沉积物接触时，会扰动海底沉积物。此外，采矿车行驶和软管接触海底时，会使车辙处的沉积物变得更加紧实，而车辙两侧的沉积物则会被翻转，直到重新沉积。这样一

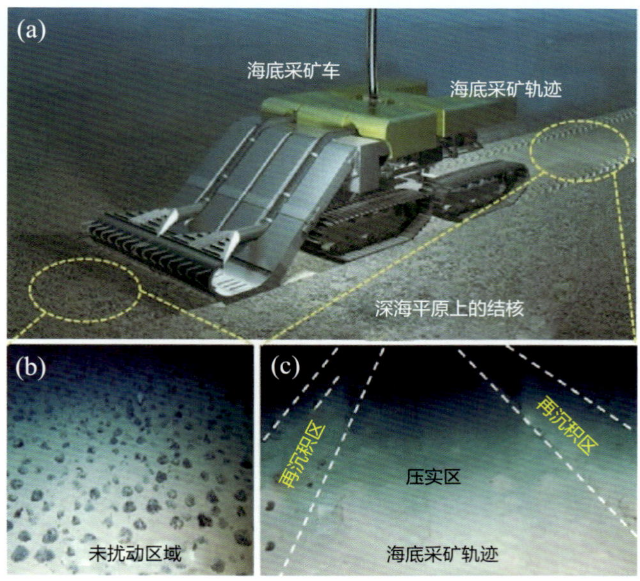

海底采矿轨迹的压实带和再沉积带

来，沉积物的物理和力学特性就会发生很大改变。

多金属结核开采过程中，集矿机附近会形成离海底约50米高的水体扰动区，提供了众多经历了结核移除和采矿车行走过程后被迫“搬迁”的海底沉积物的集结地。颗粒性质、大小以及不同的海底环境，如地形、水流强弱，都会影响这些再悬浮沉积物的扩散高度、扩散距离及存在的时间。一般来说，较大颗粒的沉积物会很快沉降，较细颗粒的“安家之路”则更为漫长。深海地形普遍起伏较大，采矿产生的扰动对沉积物的影响更大；而大洋多金属结核大都生长在广阔的海底平原上，采矿过程中产生的影响会传播得更远。

深海采矿引起的海底地质灾害

一般来说，采矿过程引发大量颗粒物的再悬浮和再沉积，这会较大程度地减弱海底浅表层沉积物的力学性质和稳定性，在外界条件下，可能导致小规模的浅表层海底地质滑坡。

海底采矿地点可能会遭受一些外部压力，这些压力包括构造作用、重力、水的力量，甚至是气体释放和孔隙压力的变化。其中，构造作用主要与矿物的分布和生成有关，如富含钴的结壳主要分布在离构造活跃区较远的海山、高原和深海丘陵的侧面与山顶。这些结壳通常紧紧附着在基岩上，随着结壳的成熟，其孔隙度和含水量会减少，导致结壳和基岩的干燥收缩、开裂和滑移。此外，结壳区域还会受到水的冲击，加剧结壳的脱落，从而引发地质灾害。

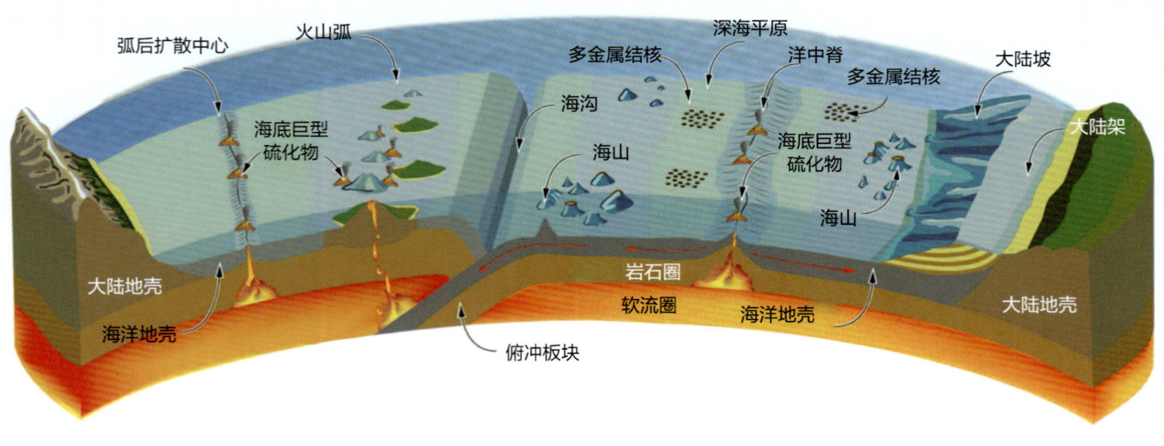

深海海底不同矿区地质条件比较

工程地质环境评估

深海海底开采区的工程地质环境评估对于保护海洋环境、预防地质灾害、选择合适的采矿设备以及设计科学的采矿系统至关重要。然而，目前对深海海底开采区的工程地质环境评估方法还不够成熟。那么，我们该如何对深海海底开采区的工程地质环境进行评估呢？

评估需要进行实地调查，收集相关的数据，包括探测区域的地质结构、地形、地貌、地层组成、沉积物的特性以及水流情况等。在评估过程中，采用定性和定量相结合的方法。定性方法是通过建立评估指标体系，选择合适的评估模型，对工程地质环境进行描述和分析。定量方法则是基于收集到的数据，运用一些数学方法和人工智能技术，对工程地质环境进行定量评估，从而准确地评估工程地质环境的特点和潜在风险。

地质环境监测技术进展

监测深海海底矿业的地质环境，要从三个方面入手。首先是监测外部载荷，也就是那些对采矿场地施加的外部压力，如构造作用、水的力量以及地下气体的释放。其次是监测内部变化。由于采矿活动的影响，沉积物的物理和力学特性可能会发生变化，我们需要了解这些变化，以便采取适当的措施来保护采矿场地的稳定性。最后是监测地质团块的宏观变形。当进行深海海底采矿时，地质团块的移动和变形可能会发生，这会导致地质灾害的发生。我们需要密切关注这些变化，以便及时采取行动。

具体来说，监测外部载荷，即对采矿场地施加的外部压力的监测，需要先了解地震活动和构造运动。这些大自然的力量可以通过一种叫作海底地震仪（OBS）的设备进行监测。这些设备就像深海中的侦察员，它们记录下来的数据能够告诉我们地震和构造运动的情况，预测地震发生的可能

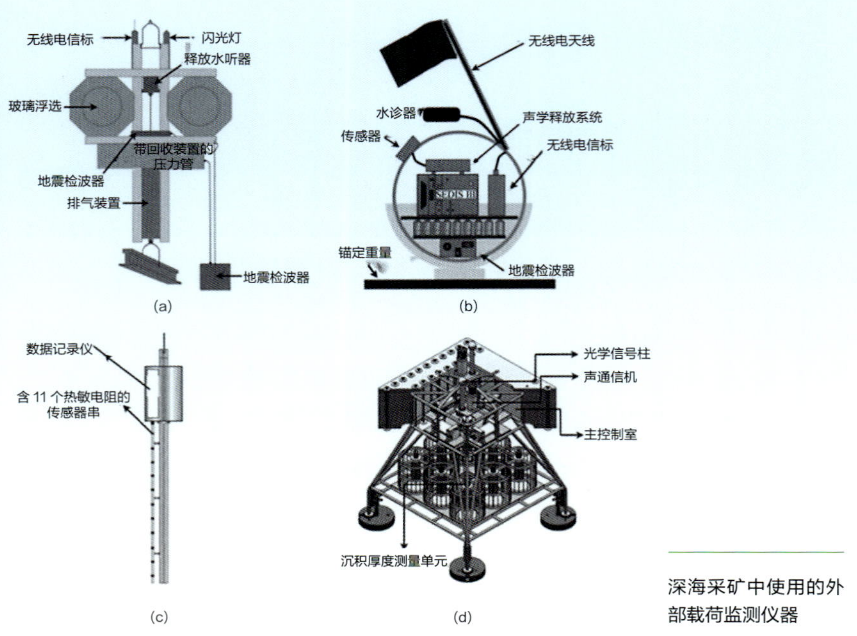

深海采矿中使用的外部载荷监测仪器

性，从而确保采矿过程的安全。水在深海中有很大的力量，它可以影响采矿场地。为了监测水体的动态环境，可以使用一种叫作声学多普勒测流仪的仪器。这个仪器就像是一位水流专家，可以测量水流的速度和浓度，帮助我们了解深海中的水流情况。除此之外，还可以使用海底热流探针了解海底构造运动、板块俯冲和岩浆活动。这些监测仪器和技术可以让我们更好地了解深海海底采矿区的外部载荷情况，以确保采矿过程安全、顺利。

监测深海海底沉积物的内部变化也是一项很有意义的工作，可以使用一些特殊的仪器进行。首先要监测孔隙水压力。我们可以把孔隙水想象成深海海底沉积物中的小水滴，使用一种叫作孔隙压力探针的工具来测量这些水滴的压力。通过监测孔隙水压力的变化，了解到沉积物所承受的外部压力和地质过程，这对于预测和预防地质灾害非常重要。其次是监测沉积

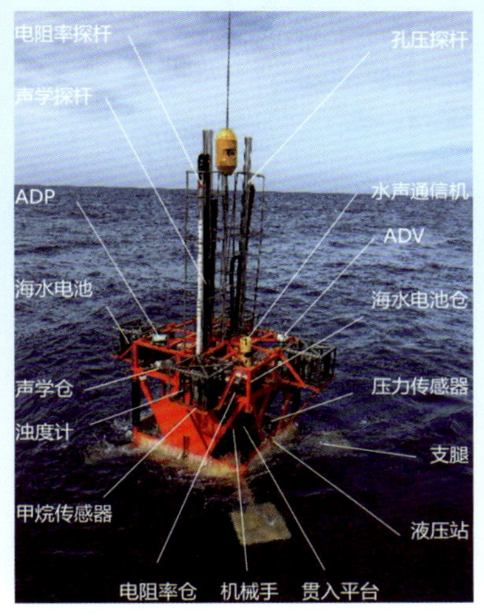

监测地质团块变形的仪器

物的含水量、密度和温度（可以使用一种叫作温度传感器的设备测量沉积物的温度），这些数据可以帮助我们判断海床的稳定性，同时揭示沉积物内部流体的运动情况。

地质团块的变形监测侧重于海床地形的变化。为了监测海床地形，科学家采用了一种叫作多波束声呐的技术。这种技术可以发射多条声波束，根据声波的反射情况来绘制海底的地形图。不过，使用多波束声呐进行实时、长期监测是有一定挑战的。但是别担心，还有其他的监测方法，如使用高精度压力计和三轴加速度计长期监测海床的变形情况，并记录海底的压力和运动情况。另外，机电系统的加速度计和倾角计也被广泛应用于地质团块变形的监测中，这类微小而精密的仪器可以测量地表的沉降和滑坡变形情况。通过使用这些先进的技术和仪器，有助于我们预测潜在的地质灾害，并采取相应的措施保护海底环境。

对物理化学环境的影响

深海中的“沙尘暴”

多金属结核采集会产生废水，这些废水中含有的沉积物颗粒会给深海生态系统的物理化学性质带来多方面影响。

经过如移除多金属结核、采矿车在海底行走等过程，大量海底表面沉积物被扰动“加入”废水，或在海水中悬浮“流浪”，或“搬迁”到远处再沉积。越靠近采矿船，被扰动至海水中的沉积物浓度通常更高，且远远高于正常情况下的深海环境颗粒物浓度。这些大量重新分布的沉积物颗粒，形成了深海中的“沙尘暴”，涉及范围广，对海水的物理化学性质产生深远的影响。

此外，采矿废水中的再悬浮沉积物颗粒大小不一，其中小尺寸的颗粒物尤其多、在海水中停留的时间长，会长远地影响深海系统的稳定。尺寸小的颗粒在悬浮的过程中，可能会在海水密度变化梯度较大的水层（称为密度跃层）中“堵车”。在这类水层密度梯度大的水团的影响下，这些颗粒的沉降速度变慢、在水层中的停留时间变长。

小链接

羽流（羽状流）

海底采矿过程中，集矿机运行搅动了大量的海底沉积物，这些沉积物的密度非常大，与周围的水混合后悬浮，能够产生一种与周围环境相独立的流体，这种流体因其自身的重量会扩散。海底沉积物发生悬浮和扩散即为羽流（羽状流）。

沉积物中的金属释放

当多金属结核被移除，沉积物被扰动，形成悬浮颗粒羽流，沉积物再沉积进而压实，导致底栖边界层中的溶解金属和颗粒结合，金属的浓度增加。这一过程的发生涉及将富含溶解金属的孔隙水排放到上覆的底部水中；沉积物羽流中的悬浮颗粒物质和经过矿物溶解与解吸而重新加工的沉积物中的痕量金属，以及与有机物再矿化相关的痕量金属的迁移；痕量金属在富含铁和锰的颗粒上的积累等。悬浮沉积物颗粒中痕量金属的移动，不仅受矿物的溶解度、颗粒浓度和大小的控制，而且溶解金属在悬浮颗粒上的吸附情况，很大程度上还取决于矿物质类型。

原位实验可对深海物理化学环境在几天和几周内的真实变化情况进行测量，其中有机配体的存在（如铁和铜在深海中的溶解度），以及水与天然有机配体和胶体的络合，均可对物理化学环境产生影响。羽流颗粒和再沉积的沉积物中的微生物可能存在相互作用，这些相互作用会影响金属的流动性和通量、金属离子氧化态的变化以及有机－金属络合。

小链接

底栖边界层

底栖边界层（Benthic Boundary Layer，BBL）包括近底部水层、沉积物－水界面和沉积物顶层等直接受上覆水的影响的一系列区域。

金属矿体

沉积物的被干扰“后遗症”

每个生态系统都有其生物地质化学循环过程。在这个过程中，不同的化学元素在生态系统中的生态群落和无机环境之间流动、循环。深海沉积物是“定海神物”，在深海的生物地质化学循环过程中发挥着关键的作用，肩负着深海中大规模元素通量和循环的重任。深海沉积物中含有多类化学元素，这些化学元素在海洋中的微生物及初级生产者的“提携”下进入海底食物链，到达需要它们的地方；又通过如直接溶解、生物代谢、生物死亡、有机质的矿化和埋葬过程，回到沉积物中。这些元素在海洋中自由活动，从上覆水层中的浮游初级生产者到底栖生物群落，从而维持深海的生物多样性。

多金属结核的采矿过程对沉积物产生的干扰，也会间接对海底的生物地球化学过程产生长远的影响。有研究发现，多金属结核采集干扰区的海底表层沉积物，在经历了采矿后患上了长达几十年的“后遗症”，其中的化学成分及氧化还原导致的分层一直发生强烈的变化，难以回到未受干扰前的稳定状态。这会影响海洋中各类元素的回收利用过程，如有些受干扰的沉积物变得较硬、孔隙率较低，难以被混入新鲜有机质，从而破坏不同来源的元素的“团聚”，影响生物地球化学过程的稳定。

此外，采矿过程中的意外事件还可能导致有毒物质混入生物地球化学过程中。在比较常见的意外液压油泄露中，液压油会排放到水中并最终混入海洋中的沉积物“大军”，并可能进入牡蛎等生物的体内，悄无声息地渗透进海底食物链中，威胁深海生态系统的健康。

采矿船的污染物排放

船舶的废气排放一直是全球二氧化碳排放的重要来源。大多数采矿船使用的燃料基于重油（HFO），发动机燃烧的时候，会造成空气污染，是沿海地区空气污染的一大“黑手”。虽然有些采矿船采用无毒、易于生物降解的油，但是它们依然能产生含450种化合物的废气，如氮氧化物（$NxOy$）、二氧化硫（SO_2）、碳氧化物（CO_2 和 CO）、挥发性有机化合物（VOCs）、黑炭、微量金属和颗粒物（PM）等成分。废气中的温室气体成分会对气候变化、生态环境、人类健康带来负面的影响。

海上漏油事件

因此，要求采矿船严格遵守关于海上安全和环境实践的义务与标准，包括经1978年相关议定书修订的《国际防止船舶造成污染公约》（MARPOL）和1997年将“防止船舶造成空气污染规定”增设为MARPOL第六个附则。通过这种方式，国际海事组织对空气排放进行了监管，并采取强制反污染措施，旨在最大限度减少对海上空气和水的污染。

大气污染

环境保护措施

为保护环境，采矿活动中应严格遵守国际海事组织颁发的关于保护海上安全和环境实践的义务与标准，如经 1978 年相关议定书修订的《国际防止船舶造成污染公约》。这些规定制定的目的是将海上空气和水污染的所有影响降到最低。在采矿船作业的过程中，注意使用甲板区的防溢油包，以防止液体意外排放到海水中。主张使用无毒、易于生物降解的油，防止系统故障导致漏油。注意使用紧急反应程序，以将泄漏事故对海洋环境的影响降到最低。根据各种标准的管理体系开展工作，尽量避免任何不利影响和无法补救的后果，设计并推广最佳实施策略，预防所有潜在的意外。

对生态系统的影响

生物丰度和生物量，通常沿着生产力梯度从富营养化到低营养化呈下降趋势，空间异质性会影响底栖生物群落的结构组成。多金属结核开采对生态系统的影响主要来自海面的采矿船和海底的采矿车，导致海底生境退化，沉积物扰动和羽流沉积，生物回避行为，噪声和光污染。

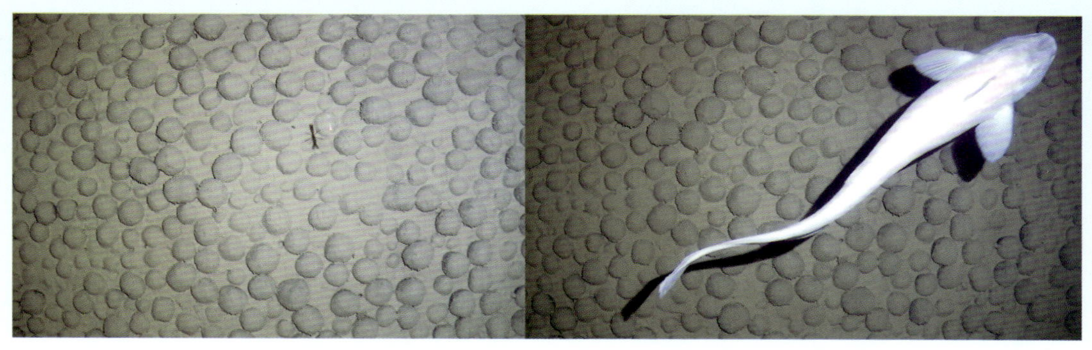

多金属结核附近的小虾和狮子鱼

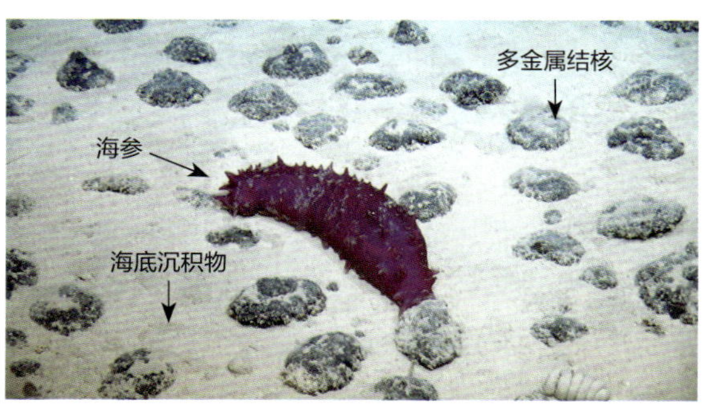

多金属结核区的沉积物和海洋生物

小链接

空间异质性

空间异质性是指生态学过程和格局在空间分布上的不均匀性及复杂性。空间异质性高，意味着有更加多样的小生境，能允许更多的物种共存。

深海生物

结核收集对海底生境的影响

开采多金属结核和清除开采过程中的细粒泥浆，扰乱了采矿区的海底生境，导致海底生境的退化，相关生物均呈现减少的现象。附着在结核上的无脊椎动物（如海绵）以及与结核硬基质相关的移动动物（如等足类），在开采产生几十年后都会有减少的迹象。

例如，联国联邦地球科学与自然资源研究所（BGR）在 2015 年探访了 C–C 区国际海底管理局许可证区域内几个一年到十年前的痕迹。这些开采痕迹通常包括一个或多个轨迹，主要由底栖扰动器、底栖雪橇或挖泥机造成，即使多年后也能清楚地被看到。

与沉积物干扰和羽流沉积（覆盖）有关的生物丰度变化

采矿车会将大量的底层沉积物与多金属结核一起吸入，生活在最上层沉积物中的许多生物会被压碎，其死亡率取决于居住在试验区的生物的原始密度和大小分布。

采矿活动产生的沉积物颗粒还会造成珊瑚和海绵等底栖动物的摄食与

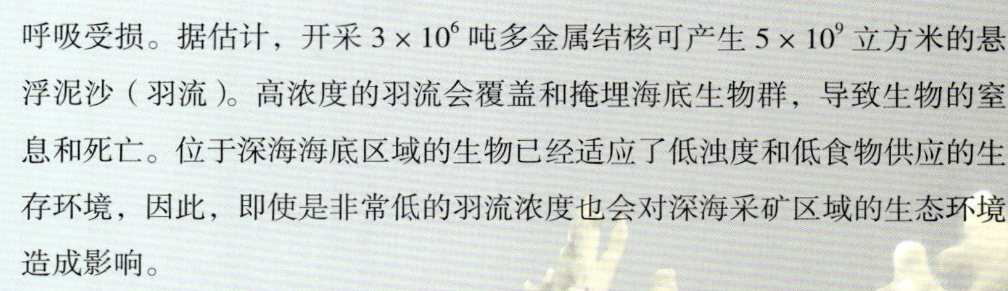

呼吸受损。据估计，开采 3×10^6 吨多金属结核可产生 5×10^9 立方米的悬浮泥沙（羽流）。高浓度的羽流会覆盖和掩埋海底生物群，导致生物的窒息和死亡。位于深海海底区域的生物已经适应了低浊度和低食物供应的生存环境，因此，即使是非常低的羽流浓度也会对深海采矿区域的生态环境造成影响。

羽流的产生可以分为两个阶段：在多金属结核收集阶段，采矿车的行驶和管道触地部分的拖动扰动了海底沉积物并形成了海底沉积物羽流；选

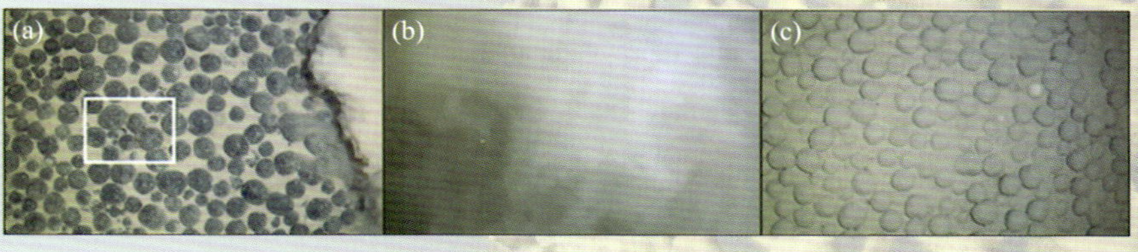

被羽流覆盖的多金属结核

矿以及水下尾矿处理过程中向中层水排放的羽流。而中层水羽流的成分多种多样，包括辅助容器产生的沉积物以及矿物清洗产生的废水。减少羽流对环境影响的最直接方法是在尽可能靠近海底或在低湿热或无光的区域释放中层羽流，这一措施可减少羽流在垂直方向上的运动，并最大限度地减少由于羽流沉积物遮挡而对生物光合作用造成的影响。

1970 年以来，在多金属结核区（如 C-C 区、秘鲁盆地、中印度洋盆地）进行了 11 次小规模干扰实验。在太平洋的 7 个地点，采矿后的生态影响很严重，大多数生物群落的密度和多样性都发生了重大的负面变化。在研究的生物群落中，64% 的动物类别在被扰动后 1 年内密度降低，尤其是多毛类、甲壳类和大型动物总数的密度。物种多样性的变化通常比生物密度更敏感，影响更为明显。

鹦鹉螺

生物对采矿排放物的回避行为

在海底多金属结核开采过程中，被扰动的沉积物形成悬浮颗粒羽流，沉积物再沉积进而压实，导致底栖边界层中的溶解金属和颗粒结合，金属的浓度增加。大型和巨型动物具有检测环境中金属的感官能力，某些物种甚至有回避的行为，如鹦鹉螺，以帮助保护自身生物体免受毒性影响。因此，暴露于被污染羽流的生物有可能因为该种行为，在多金属结核开采期间搬离污染区域。

噪声和光污染

采矿车的运行和多金属结核通过管道或链条桶的移动向各个方向传递噪声，可能干扰某些设备的通信和导航功能，并对生物群落正常生活产生影响。浅水海洋哺乳动物、鱼类和无脊椎动物对声学干扰具有生理敏感性，噪声会导致它们的自然行为发生改变、规避和预防捕食者的能力减弱。

采矿船产生的噪声一般不超过航运可接受的标准水平，其一般使用低能量的中频信号（12 千赫），与生活在测量区域的许多大型海洋哺乳动物的通信范围相同。鱼类大多只能听到小于 1 千赫的声音，因此不会受到采矿船噪声的直接影响。在许可区内的勘探过程中，小测试区内零星使用多波束系统将不会对较大哺乳动物产生影响，若噪声水平不利，动物们也可从多个方向远离信号源。

在海面上的支持船发出的光会吸引昆虫、鸟类和海洋哺乳动物，形成一种光污染，但这种影响只在船舶使用的时间段内形成。

发光是某些生物生存的基本策略，而有些生物本身并不会发光，但在共生的环

光污染

小链接

光污染

光污染问题最早于 20 世纪 30 年代由国际天文界提出。光污染主要包括白亮污染、人工白昼污染和彩光污染。过量的光辐射会对人类生活和生产环境造成很多不良影响。

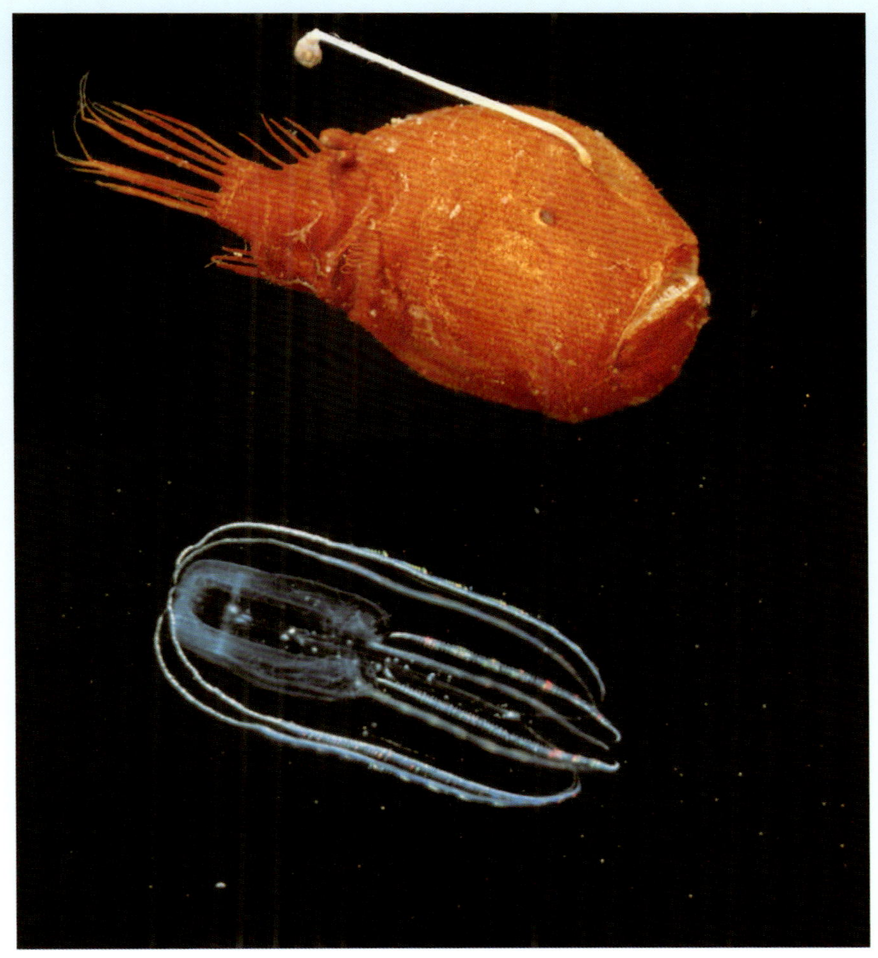

生物发光

境中它们会利用发光细菌的光为自己服务。其意义主要是有助于猎食者捕食其他生物、被捕食动物逃避捕食者以及同种属动物的不同个体间信息的交换。而海底采矿设备发出的光会影响生物发光并损害生物体的眼睛。

海底生物的灭顶之灾

深海海底采矿活动是在几乎没有光照、温度接近 0℃的矿区进行的，海洋生物总量少但种类丰富。多金属结核的开采，会对海底生物的生活造成严重影响：采矿车在海底的行驶会碾碎深海生物、采矿活动产生的底层水流运动会导致深海生物的迁徙、采矿车对海底沉积物的刮削和切割以及对海底水体的抽取可能会导致因行动不便而无法逃脱的深海鱼类和浮游动物的受伤或死亡，等等。以上种种，都会直接或间接地导致海底生物密度的降低，甚至给某些物种带来灭顶之灾。如一种生活在马达加斯加东部海底热液喷口附近的蜗牛成为第一种因采矿威胁而被宣布濒危的深海动物。

鳞脚腹足蜗牛用周围海水中的铁覆盖它的壳和脚上的小板

生活在多金属结核区的生物

环境保护措施

为了有效保护海底环境，可以采取以下措施：一是尽量在靠近海底、低湿热或者无光区内释放中层羽流，以减少羽流沉积物遮挡而对生物光合作用造成的影响。二是控制船体上的现代声学系统的使用，如在夜间工作期间，在保持安全操作的前提下，尽可能避免使用甲板灯光，从而减少光污染。三是开展各类实验和评估活动，如通过原位实验评估采矿活动对有毒金属释放的影响，以及对海底或近海底的生物造成的物理损伤；通过底栖影响实验和建模活动的开展确定再沉积的沉积物羽流对底栖生物的影响。四是制定切实可行的政策以规范采矿活动，尽量减少其对海底环境的影响和冲击。

资源开采的启示

多金属结核开采具有较高的收益，各个国家在积极申请采矿区的开发合同。然而多金属结核开采难度大，海底地形复杂、压力高，存在海浪、洋流、内波等复杂的海洋环境条件，对开采设备提出了极高的安全性要求，开采过程中的多系统协同控制和联合作业难度较高。此外，多金属结核开采可能会导致生物多样性的降低，需要深入评估多金属结核开发对生态环境的影响，提出环境保护方案。因此，目前多金属结核在世界范围内尚未形成商业化开采。

众多学者对多金属结核开采展开了研究，包括采矿船、采矿车和环境影响等方面。如中国长沙矿冶院和上海交通大学研发了采矿车并进行了海底测试。针对采矿环境影响评估，众多机构开展了环境基线调查、采矿扰动试验和采矿环境监测，研究采矿对采矿区物理、化学和生态系统的影响，致力于给出准确的环境影响评估报告。

深海采矿是一项前沿而引人注目的活动，它涉及在海底寻找和开采珍贵的矿产资源。这项活动不仅对人类经济和技术发展具有重大意义，而且对资源开采领域提供了一些重要的启示。

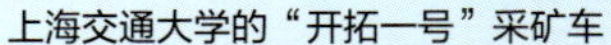

上海交通大学的“开拓一号”采矿车

上海交通大学的“曼塔”号采矿车

生态环境的保护

采矿活动对海底生态系统造成的影响可能是不可逆转的，这使人类认识到保护生态环境的重要性。在资源开采中，我们需要采取切实可行的措施减少对生态环境的破坏，保护深海生物多样性和生态平衡。设立深海环境国际合作研究项目，强化深海生命探测、海底数据获取、深海基因数据等成果共享，深化科研成果国际输出，依托深海科研机构与深海探测装备，推动以深海环保为目的的勘探研究。

科技创新的推动

深海采矿对科技创新提出了巨大的需求和挑战。为了实现深海资源开采，我们需要开发先进的技术和工具，以应对高压、低温和复杂的地质条件。这推动了科学家在材料科学、机器人技术和通信技术等领域的创新，为资源开采提供了宝贵的经验和技术储备。

国际合作的重要

深海采矿是一项全球性的挑战，需要各国合作和分享经验。合作可以促进资源开采技术的共享，减少重复投资，提高效率和可持续性。此外，国际合作还有助于制定合适的法律和规章，确保深海资源开采的公正和透明。

深海科学的拓展

深海采矿推动了深海科学的研究和发展。美国、欧洲、日本等发达国家和地区已经掌握深海矿产资源开发的关键技术与核心装备的制造能力，一旦解决海底环保问题，将择机开展商业化开采。我国深海矿产资源开发技术还处于起步阶段，亟须开展示范工程建设，大力发展关键技术装备，加快规模化试采和商业开采进程，以期在国际海底矿产资源开发中获得有利地位。

我国应在采矿规模与种类上进行充实，注重对采矿前后环境变化、生态系统恢复过程与时长的研究，并在开采结束后进行长期且连续的恢复监测及评价。依据不同矿产种类、海域以及海底采矿规模建立针对性监测评估体系，全方位完善环境影响监测技术体系。

习近平总书记指出，“建设海洋强国是实现中华民族伟大复兴的重大战略任务”。党的十八大以来，“建设海洋强国”连续三次写入党的全国代表大会报告。党的二十大报告更是明确提出“加快建设海洋强国”。随着陆地矿产资源逐渐枯竭，人类对更加绿色、环保的资源的需求不断攀升，这使人类将目光投向了具有丰富矿产资源的海洋。我国海洋资源丰富，但是海洋资源的开发却与发达国家具有不小的差距，仍处于亦步亦趋的状态。深海采矿目前主要聚焦于设立深海采矿试验区，通过物理实验、数值模拟和原位监测等手段分析在某一试验区中采矿活动产生的环境影响，以此为基础，来评估大型、商业化采矿活动可能产生的环境影响，从而采取相应的环境保护措施并完善法律法规。衷心地期盼越来越多有志于科学研究的学子投身于祖国的海洋工作中，为我国的深海采矿事业留下浓墨重彩的一笔。相信随着更多有志青年的加入，我们终将迎来祖国海洋事业的蓬勃发展与辉煌！

西太平洋多金属结核样品采集及环境影响评估调查

图书在版编目（CIP）数据

多金属结核探秘 / 贾永刚主编. -- 青岛：中国海洋大学出版社，2024. 12. --（“海洋与人类”科普丛书 / 吴立新总主编）. -- ISBN 978-7-5670-3796-0

Ⅰ. P744-49

中国国家版本馆CIP数据核字第2024GM8565号

书　　名　多金属结核探秘
　　　　　DUOJINSHU JIEHE TANMI
出版发行　中国海洋大学出版社
社　　址　青岛市香港东路23号　　邮政编码　266071
出 版 人　刘文菁
网　　址　http://pub.ouc.edu.cn
订购电话　0532-82032573（传真）
项目统筹　孙玉苗
文稿编撰　李梦雅　王　慧　贾连城
图片统筹　孙宇菲
责任编辑　孙宇菲　　电　　话　0532-85902349
照　　排　青岛光合时代传媒有限公司
印　　制　青岛海蓝印刷有限责任公司
版　　次　2024年12月第1版
印　　次　2024年12月第1次印刷
成品尺寸　185 mm × 225 mm
印　　张　7.25
字　　数　96千
印　　数　1 ~ 3 000
定　　价　69.80元